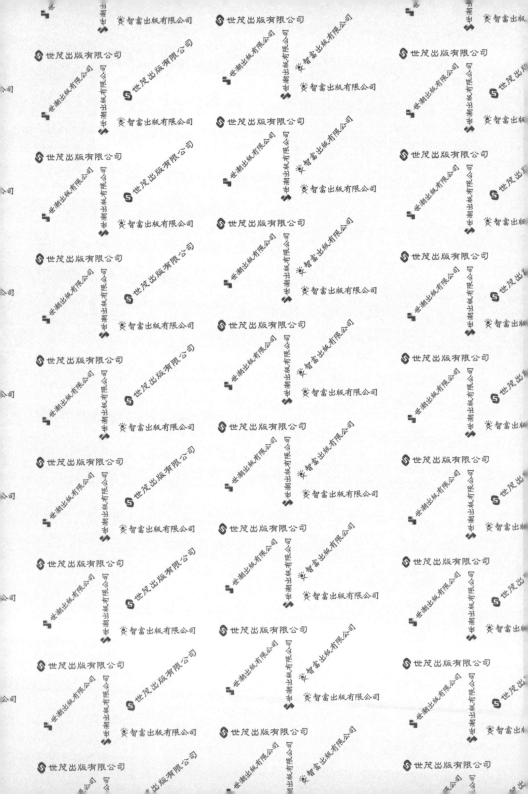

世界第一簡單
密碼學

【修訂版】

三谷政昭、佐藤伸一◎合著

林羿妏◎譯

HINOKI IDEROU◎作畫

Verte◎製作

前言

目前以網際網路為中心且被網絡化的資訊社會中，除了活用網路上的公開資訊及電子郵件的往來外，也多虧網路商店及網路銀行的普及，使我們的生活變得更便利。

然而，在享受網路時代的恩惠之外，

「安心安全、資訊安全、保護個人資料……，以及密碼」

這類令人感到些許不安的詞彙，每天都在生活中不斷出現。這到底是怎麼一回事呢？為什麼呢？

利用網際網路處理許多資訊時，其中總包含讓別人知道就糟糕的事，不希望別人知道、想要保密的資訊。例如，信用卡號、銀行帳號、病歷、貸款金額、電子郵件地址等，為了不輕易洩露給他人知道，保護資訊是不可或缺的。若資訊被他人惡意運用，很可能會引發犯罪案件。因此，保護資訊無疑是網絡化的資訊社會中最重要的課題。由於存在著許多這類的不安要因，因此為了得以安心且安全地使用網路服務，而構築出的基本技術即為「密碼」。

近年來，密碼系統大幅進步。這不僅是資訊安全相關的專家之領域，對於將便利的網際網路視為理所當然，並使用頻繁的我們而言，密碼也是必備的知識。

那麼，密碼系統是以何種構造達成資訊安全維護及個人資料的保護呢？

本書以漫畫爲基礎，解說密碼系統的結構和功能。至於爲了理解密碼系統所不可或缺的複雜數學，則以能讓任何人都可以理解的方式解說。期望讀者在沈浸於故事情節的同時，也能輕易地學習。當然，故事中也隱藏了密碼，希望您在閱讀本書的同時也能解開它。相信您在讀完本書後，勢必能習得密碼系統及資訊安全的基礎知識！

　　最後，衷心感謝非常照顧我的OHM社開發局的各位，以及負責作畫的HINOKI IDEROU大師。

2007 年 4 月

作者群筆

目　次

第 4 章　實際的密碼應用 187

序　章

用算盤算就行了！

怒～

咕嚕咕嚕

鈴……鈴

卡恰☆

喂，這裡是78分局…

什──麼？
被偷了？

噴

噴

哇！好髒！

鈴……

鈴……

大理石美術館

從西館傳來的報告呢？

有兩名員警已經到那邊的出口巡視了。

東館的

驚慌失措

3

了解。受到嚴加保管的名畫在不知不覺中消失了？

什麼！真是太驚人了……

那幅〈微笑的瑪丹娜〉可是價值3億日圓呀！

警察有確實看守嗎？

警力相當完備，對吧？

當然！

換班時還使用

通關密語來確認！

山！

川！

認　嚴格　證

嗯！那就好。

嗚……

小學生般的通關密語……

無力

爲了防止非相關人士得知畫作的保管場所，所以製作了密碼。

ㄇㄈˋㄗㄇˋㄇˋㄅㄤㄠ ㄠㄞˋㄧ ㄠ

ㄇˋㄎㄇ ㄎ ㄇ
ㄠˇㄠㄤ ㄠ ㄨ

好！太完美了！

太糟糕了……

←琉可

卡嚓

那樣是無法確保安全的！

誰—

妳是誰？

卡嚓

卡嚓卡嚓

我是每晚報社的米田里緒。

5

報社已經掌握疑點了嗎？

妳憑什麼說我們無法維護安全呢？

通關密語跟密碼都太隨便了啦！

什、什麼？

保管畫作的地方是第5倉庫對吧？

咻 咻

ㄨㄈ、ㄗㄨ、ㄨ、ㄅ
ㄤㄨ ㄨㄞ ㄧ ㄨ

ㄨ、ㄊㄨ ㄎ ㄨ
ㄨㄨ ㄨㄤ ㄨ ㄨ

＊由於是「貍貓」（離「ㄇ」「ㄠ」），所以去除「ㄇ」跟「ㄠ」來讀。

妳怎麼會知道？

難道妳就是犯人嗎？

才⋯⋯才不是！

這種密碼誰都解得出來。

拔

咦？真的嗎？

目黑警官！
無論如何還是趕緊
抓犯人吧！

咦

犯、犯人是……

犯人就是他！

咦？

原來如此，
馬上逮捕！

卡

噠

啊？

7

不是啦！是館長身後的牆壁！

咦？

呆 Ms.Cipher♡ 住！

這裡本來沒有畫作呀……

啪

鬼迷心竅

不是那幅畫，是旁邊的說明卡！

怪盜 Cipher 到此一偷，畫作我收下了。下個目標是 VDVIRCU。

晚安♥

怪盜 Cipher？！

啊

這個訊息究竟是什麼意思呢？

嗯！

現在明明是白天，卻說「晚安」不是很奇怪嗎？

啪

我也是這麼覺得

並不是！

9

畫作我收下了。下個目標是 VDVIRCU。

VDVIRCU 是什麼呢？

哎喲！我的英文不好……

裝可愛

這是密碼！這是下個偷取目標的密碼。

怎麼和貍貓密碼不同，無論去掉哪個字都無法變成有意義的字。

VDVIRCU

那麼，就來學解密碼，然後給怪盜 Cipher 一點顏色瞧瞧吧！

這又不是偵探小說。學解密碼真的有用嗎？

燃起　鬥志

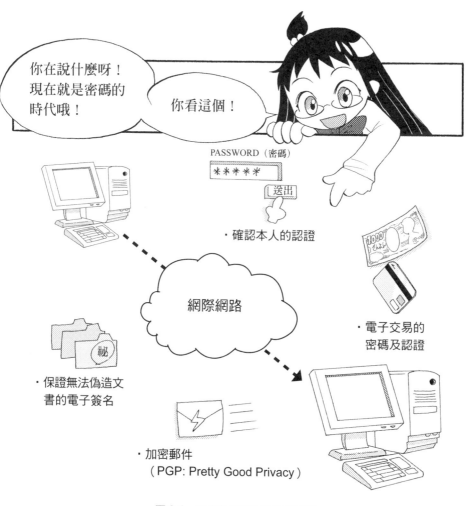

圖 0-1　現今的密碼及社會的關聯

如圖 0-1 所示，在電腦及通訊如此發達的現今，為了防止資訊遭竄改、破壞、盜用，密碼的技術是不可或缺的。

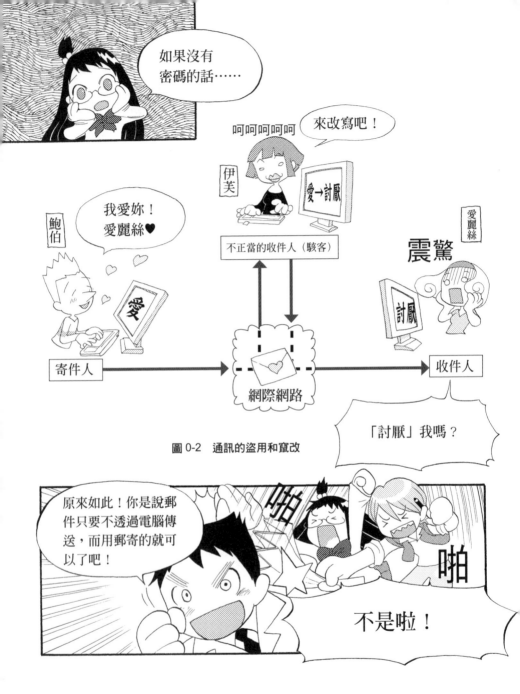

圖 0-2　通訊的盜用和竄改

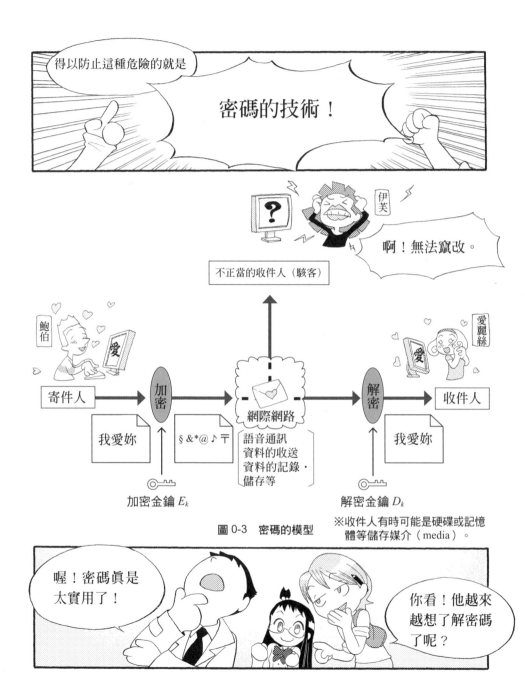

圖 0-3 密碼的模型

※收件人有時可能是硬碟或記憶體等儲存媒介（media）。

第 1 章
密碼學的基礎

怪盜 Cipher 事件指揮總部

啪擦

啪啪

YEAH！

話說回來……

哥哥，要努力
學習哦！

為什麼報社記
者會在指揮總
部呢？

本起事件的獨
家報導就拜託
你了！

這樣警察的祕密還守得住嗎？

自言自語

首先，

怪盜 Cipher 名字的意思是……

這太簡單了！

因為盜取別人的錢包，所以才叫 Cipher 對吧？

簡單的是你的頭腦……

※日文的錢包音似 Cipher。

Cipher

這是英文「密碼」的意思啦！

唉唷……哥哥真是的！

17

 密碼呀！

「NIITAKAYAMANOBORE」＝開始攻擊

「TORATORATORA」＝偷襲成功

 哦 哦！

這個很有名吧！

※以上為太平洋戰爭開戰時帝國海軍的電報內容。

不過，那不算是密碼喔！

揮 揮

那是什麼呢？

不是密碼呀…

雖和密碼很類似，但它是只用於同組織間，被稱為符丁或隱語的名詞。

code

英文稱作「Code*」。

而我們是要學

密碼！

Cipher

*Code：代號、電碼，古時候又稱符丁或隱語。

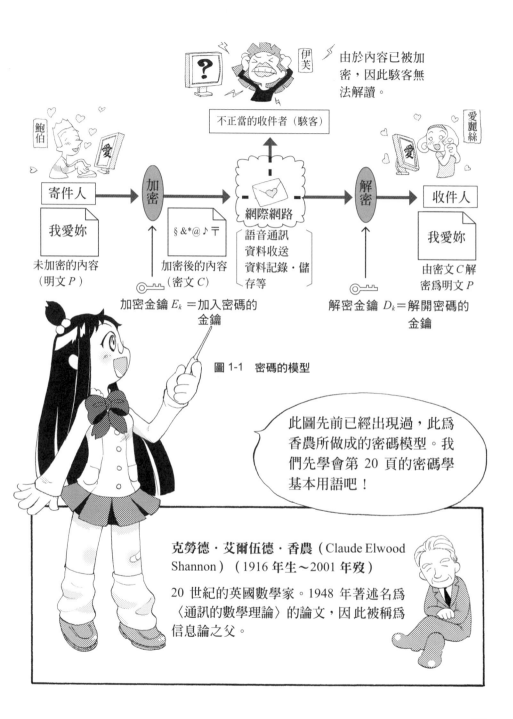

由於內容已被加密，因此駭客無法解讀。

伊芙

不正當的收件者（駭客）

鮑伯

愛麗絲

寄件人 → 加密 → 網際網路 → 解密 → 收件人

我愛妳

未加密的內容
（明文 P）

§ & * @ ♪ 〒

加密後的內容
（密文 C）

加密金鑰 E_k ＝加入密碼的
金鑰

網際網路

語音通訊
資料收送
資料記錄・儲
存等

解密金鑰 D_k ＝解開密碼的
金鑰

我愛妳

由密文 C 解
密為明文 P

圖 1-1　密碼的模型

此圖先前已經出現過，此為香農所做成的密碼模型。我們先學會第 20 頁的密碼學基本用語吧！

克勞德・艾爾伍德・香農（Claude Elwood Shannon）（1916 年生～2001 年歿）

20 世紀的英國數學家。1948 年著述名為〈通訊的數學理論〉的論文，因此被稱為信息論之父。

密碼學的基本用語

明文（Plain text）＝未加密的一般內容

我愛你

密文（Cipher text）＝加密後的內容

§&*@♪〒

加密（Encryption ／ Encipherment）＝將明文轉換為密文

我愛你
§&*@♪〒

解密（Decryption ／ Decipherment）＝將密文回復為明文

§&*@♪〒
我愛你

加密金鑰 E_k（Encryption Key）＝密碼化的鑰匙

我愛你
加密金鑰 E_k
§&*@♪〒

解密金鑰（Decryption Key）＝解開密碼的鑰匙

§&*@♪〒
解密金鑰 D_k
我愛你

做成密碼爲什麼還需要鑰匙？
哪一把？
不是眞正的鑰匙喔！
而是指將用於製作密文的流程（加密演算法）中的資料，變成加密金鑰 E_k！
資料
加密金鑰 E_k
※演算法*是指為了達成目的或解決問題的一連串執行程序。

*演算法：Algorithm。

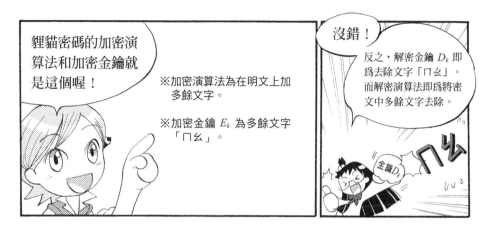

❁ 加密金鑰 E_k 和解密金鑰 D_k 的關係

寄件者將明文加密。利用明文 P 和加密金鑰 E_k（加密函數），做出密文 C。

$$C = E_k(P)$$

圖 1-2　使用金鑰 E_k 的加密運作

收件者將密文解密。此時，利用解密金鑰 D_k（解密函數），將密文 C 解密為明文 P。

$$P = D_k(C)$$

圖 1-3　使用金鑰 D_k 的解密運作

*中文為「琉可好漂亮」之意。

完美的解答！

解密金鑰 D_k 即爲依日文五十音順序將文字前進一個。

琉可老師有點可怕……

哇

不過，這種密碼不是馬上就被解開了嗎？

資訊安全手冊

OHM

讀本書漫畫重

所以密碼在與解密的駭客進行鬥智的同時越加進步。

下一頁將開始介紹各種古典密碼哦！

🔑 1-2 古典加密系統[*1]

❋ 凱撒密碼[*2]

　　將明文的各個文字，依序推遲 n 個文字進行加密演算法，所製作的密碼稱為凱撒密碼。現以「MOMOTARO」為例試著進行加密。

　　例如，設 $n=3$，將每個字母推遲 3 個字母。

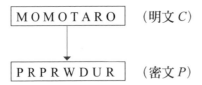

$$\cdots\text{L }\boxed{\text{M}}\text{ N O }\boxed{\text{P}}\text{ Q R}\cdots\text{其他的文字也相同。}$$

$$O\to R \qquad T\to W \qquad A\to D \qquad R\to U$$

如此一來，可得到如下的密文。

$$\boxed{\text{M O M O T A R O}} \qquad (\text{明文 } C)$$

$$\downarrow$$

$$\boxed{\text{P R P R W D U R}} \qquad (\text{密文 } P)$$

此外，將英文字母最後的三個字母，回復至最初的三個字母。

$$X\to A \qquad Y\to B \qquad Z\to C$$

　　「凱撒」是指古羅馬的軍事政治家凱撒大帝（Gaius Julius Caesar，西元前 100 年生～西元前 44 年歿）。凱撒於高盧戰爭時使用此種密文。因此可在不讓敵方解讀下和盟軍保持通訊。

*1 古典加密系統：Classical Cryptosystem。　　*2 凱撒密碼：Caesar Cipher，又可稱凱撒加密法。

✿ 替代密碼[*1]

　　將凱撒密碼變得更複雜，使各個文字推遲的字數有所變化者，即為替代密碼。

　　其中，明文和密文的各個文字，以 1 對 1 的方式對應不同文字，此稱為「簡單替代法[*2]」。凱撒密碼即為簡單替代法。

　　例如，假設我們將英文的 26 個字母，做以下變換。

＝變換規則 σ

如此，可得到如下的密文。

　　此密碼以換字做為演算法，「各個文字的置換方法」，也就是變換規則 σ 即為加密金鑰 E_k。

「σ」該怎麼念呢？

念成 sigma。

*1 替代密碼：Substitution Cipher，又可稱為代換法、替代法。
*2 簡單替代法：Simple Substitution Cipher。

✿ 多字母密碼*

將明文以每 n 個文字分割爲一塊區塊，並改變各區塊內的文字推遲數，此稱爲多字母密碼。可謂是擴張版的凱撒密碼。

例如，設 $n = 4$，變換規則爲 δ（Delta），推遲的字數如下。

第 1 個文字 → 推遲 2 個字數
第 2 個文字 → 推遲 5 個字數
第 3 個文字 → 推遲 3 個字數   ＝變換規則 δ
第 4 個文字 → 推遲 1 個字數

如此一來，可得到如下的密文。

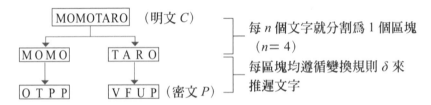

MOMOTARO　（明文 C）

MOMO　TARO

OTPP　VFUP　（密文 P）

每 n 個文字就分割爲 1 個區塊
（$n = 4$）
每區塊均遵循變換規則 δ 來
推遲文字

此密碼以區塊的文字數及推遲方式的變換規則做爲加密金鑰。

請以此方式解讀出
「れきひえてけすう」！

嚴厲

「るかはうつくしい
（琉可好漂亮）」…眞的！
譯註：以日文五十音來推遲字數

*多字母密碼：Polyalphabetic Cipher，又稱多字母替代法、多字元加密法。

✤ 置換密碼*

將明文以每 n 個文字分割爲一個區塊，並改變各區塊內文字的順序者，稱爲置換密碼。

例如，設 $n=4$，置換規則 τ（Tau）如下述所定。

$$\tau=\begin{pmatrix}1234\\2413\end{pmatrix}$$

上面的式子意味著下表的置換方式。

第 1 個文字 → 置換爲第 2 個文字 第 2 個文字 → 置換爲第 4 個文字 第 3 個文字 → 置換爲第 1 個文字 第 4 個文字 → 置換爲第 3 個文字	＝置換規則 τ

如此一來，可得到如下的密文。

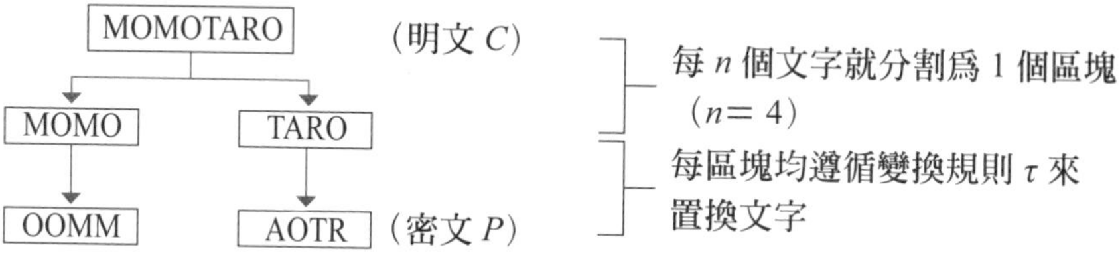
MOMOTARO
（明文 C）
MOMO
TARO
OOMM
AOTR
（密文 P）
每 n 個文字就分割爲 1 個區塊（n＝4）
每區塊均遵循變換規則 τ 來置換文字

此密碼以置換文字做爲加密演算法，而區塊的文字數及置換規則即爲加密金鑰。

δ 念做 Delta，
而 τ 念做 Tau 喲！
原來如此。

*置換密碼：Transposition Cipher，又稱換位密碼、換位法。

1-3　密碼的安全性

凱撒密碼的加密演算法就是

將明文的文字依字母順序推遲 n 個字母。

凱撒密碼雖然在 2000 多年以前就存在了。

但由於其採用了演算法及金鑰的概念，

因此和現代的密碼理論亦相關！

例如，$n = 3$ 時，

推遲 3 個字母就是凱撒密碼所使用的加密金鑰。

剛才我出的問題「れきひえてけすう」也是凱撒密碼的一種哦！

嗯？

古羅馬的字母只有 25 個。

ABCDEFG
HIJKLMN
OPQRSTU
VXYZ

那麼加密金鑰的數量不會太少嗎？

依序將字母推遲不就好啦！

嘿——

ABCI

不管是 1000 個，還是 2000 個。

那不就變得跟時鐘上的數字相同，只是繞著固定的數字在旋輪而已。

呼

甜

呆

旋轉

不管是 1000 個，還是 2000 個都沒問題。

也就是說，無論推遲多少個文字，加密金鑰頂多只有 24 個喔！

29

因此古代的竊密者如果了解凱撒密碼的結構，

最多只要試 24 次，即可探查出金鑰而解讀密碼。

那麼不要使用英文字母，改用日文五十音就好啦！

靈機一動

好主意

日文中既有平假名又有片假名，甚至還有漢字，那麼金鑰就有 1 萬個以上了！

爲了免於竊密者的攻擊，

金鑰數量越多越好！

我們來看看其他密碼有多少金鑰吧！

✿ 替代密碼的金鑰數

英文字母共有 26 個。接下來，我將以使用英文字的密文做說明。金鑰的總數從相異的 26 個字中取出 26 個排列，因此計算式如下。

$$_{26}P_{26} = 26! = 26 \times 25 \times 24 \times \cdots \times 3 \times 2 \times 1 ≒ 4.03291461 \times 10^{26}$$

此處所指的排列爲依序並列之意，以 Permutation（排列）的 P 來表示。計算所得的數字相當大，即使用電腦每秒找出 1 億個，並且一個不漏地尋找，恐怕還要花上 1280 億年之久的計算時間（計算量）。

理論上，是可能找出金鑰並解讀的，但實際上能找出金鑰加以解讀的密碼被定位爲計算量上安全的密碼。只是目前已知可藉由「出現於明文的文字之出現頻率，和出現於密文的文字之出現頻率一致」來解讀的方法，其稱爲分析使用頻率的密碼解讀法，具有防衛薄弱的性質。此外，實際上可謂爲計算量上安全的密碼中，包含了在替代密碼中，設法成爲一次性[1] 金鑰的一次性密碼本[2]。

在此先做一些數學的復習。你有聽過排列組合嗎？排列爲由 n 個東西中取出 r 個，依序排成一列的方式，其公式如下所示。

$$_{n}P_{r} = n \times (n-1) \times (n-2) \times \cdots\cdots \times (n-r+1) = \frac{n!}{(n-r)!}$$

由 n 個東西取出 r 個的方法，則稱爲組合，取 Combination 的 C 來表示。

$$_{n}C_{r} = \frac{_{n}P_{r}}{r!} = \frac{n!}{(n-r)!\, r!}$$

排列組合中，對排列而言順序非常重要，因此將 AB 和 BA 視爲相異來看，而組合僅是取出的方法，因此和順序沒有關係，所以將 AB 和 BA 視爲相同東西。順道一提，驚嘆號的「！」意爲階乘。階乘指的是由 1 連乘到 n。

$$n! = n \times (n-1) \cdots\cdots \times 3 \times 2 \times 1$$

*1 一次性： One-Time。
*2 一次性密碼本：One-Time Pad, OTP。

✖ 多字母密碼的金鑰數

設 1 個區塊包含 n 個字。由於不清楚第 1 個字推遲了幾個字數,因此需嘗試推遲 26 次。同理,第 2 個字亦同,第 n 個字也亦同,每個字都必須嘗試推遲 26 次。因此,金鑰的總數如下所示。

$$\underbrace{26 \times 26 \times \cdots \times 26 \times 26}_{n\text{ 個}} = 26^n$$

$n = 4$ 時,如下所示。

$$\underbrace{26 \times 26 \times 26 \times 26}_{4\text{ 個}} = 26^4$$
$$26^4 = 456976$$

隨著 n 越大,金鑰的數量也會激增。當 $n = 10$ 時,金鑰數便超越了 140 兆個。

✖ 置換密碼的金鑰數

設 1 個區塊包含 n 個字時的金鑰總數如下所示。

$$_nP_n = n \times (n-1) \times (n-2) \times \cdots \times 3 \times 2 \times 1 = n!$$

1 個區塊中有 4 個文字時($n = 4$),金鑰 E_k 的總數如下所示。

$$4! = 4 \times 3 \times 2 \times 1 = 24$$

n 越大,金鑰的總數隨之增加,而密碼的安全性也增加。尤其是 $n = 26$ 時,金鑰數便和替代密碼相同。

如果金鑰的數量越多,密碼越安全,那麼也就是說替代密碼非常安全囉!

簡單替代法的長密碼文中,存在解讀的線索。

黃金蟲

Edgar Allan Poe

嗯——

替代密碼

多字母密碼

但是似乎多字母密碼看來比較複雜呢!

黃金蟲?這是昆蟲圖鑑嗎?

我是有錢人

《黃金蟲》是一本關於破解密碼的著名短篇小說喲!

哦!
是小說呀!

《黃金蟲》密碼的一部分
53‡‡†305))6＊;4826)
4‡.)4‡);806＊;48†
8¶60))85;1‡(;:‡＊8

❀ 可解讀的條件

一般而言,可能被解讀(竊密)的條件如下所示。

①知曉加密的演算法。

②文字出現頻率的形態等,關於明文所具有的統計性質的資料。

③擁有大量加密的範本。

❀ 絕對安全的密碼

以僅能使用一次的亂數為基礎做出的一次性密碼本,即可做出無法破解的密碼。其密文不具再現性。

具體而言,即於明文 P 中附加相同長度的亂數列,然後再做出密文 C。這種方式就稱為弗納姆密碼*(弗納姆於 1917 年提出,並取得專利),它採用一次性密碼本,後由香農於 1949 年(請參見第 19 頁)以數學證明其不可能被破解。

---

*弗納姆密碼:Vernam Cipher。

舉一個弗納姆密碼的簡單範例。

首先，將字母與文字碼（數值）相對應。

表 1-1　文字碼

A	B	C	D	E	F	G	H	I	J	K	L	M
0	1	2	3	4	5	6	7	8	9	10	11	12

N	O	P	Q	R	S	T	U	V	W	X	Y	Z
13	14	15	16	17	18	19	20	21	22	23	24	25

加算數值時，將答案設爲數值的和除以 26 的餘數。

① 將字母轉換爲文字碼。

	M	O	M	O	T	A	R	O
明文	↓	↓	↓	↓	↓	↓	↓	↓
	12	14	12	14	19	0	17	14

② 加上僅能使用一次的亂數列。

亂數列	12	14	12	14	19	0	17	14
（加密	+	+	+	+	+	+	+	+
	9	20	15	23	27	2	15	8
金鑰）	‖	‖	‖	‖	‖	‖	‖	‖
	21	34	27	37	46	2	32	22

③ 計算除以 26 所得之餘數。

21	34	27	37	46	2	32	22
↓	↓	↓	↓	↓	↓	↓	↓
21	8	1	11	20	2	6	22

④ 使用文字碼轉換爲字母。

	21	8	1	11	20	2	6	22
密文	↓	↓	↓	↓	↓	↓	↓	↓
	V	I	B	L	U	C	G	W

嗯……
如果使用這種密碼
就無法解讀了。
理論上看來，弗納姆密碼是安全的密碼！
確實

✽ 安全密碼

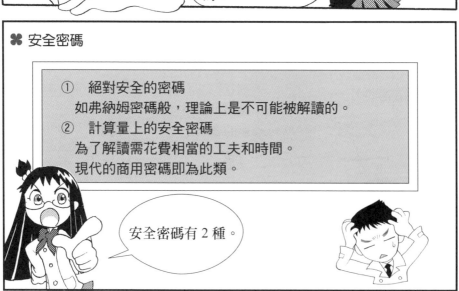

① 絕對安全的密碼
如弗納姆密碼般，理論上是不可能被解讀的。
② 計算量上的安全密碼
為了解讀需花費相當的工夫和時間。
現代的商用密碼即為此類。

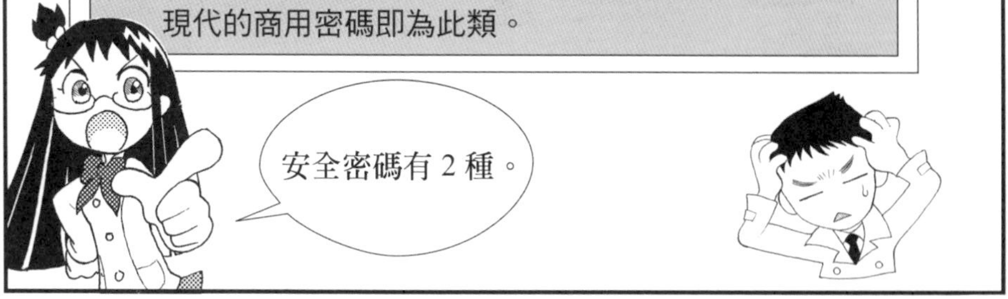
安全密碼有 2 種。

POM!

原來如此！
那麼把所有密碼都設爲 BANANA 密碼不就好了。
真好吃
雖然
蠻好吃的
是弗納姆啦！

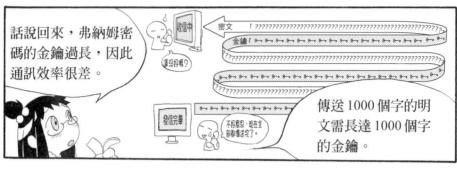

話說回來，弗納姆密碼的金鑰過長，因此通訊效率很差。

傳送 1000 個字的明文需長達 1000 個字的金鑰。

怪盜 Cipher 的 VDVIRCU 密碼該不會是弗納姆密碼吧！

刻意留下的密碼，應該不會用這麼複雜的密碼。

在某處應該藏著提示……

頭～～～～痛

唉呀！已經這麼晚了呀！

我該回報社了。

如果我告訴你她要偷什麼，你願意買電腦給我嗎？

嘖、真拿妳沒辦法。

怪盜 Cipher 裝扮的兔女郎和晚安就是提示啲！

怪盜 Cipher 到此一偷，畫我收下了。接下來的目標是 VDVIRCU。

什麼呀？

晚安♥

兔女郎的英文是 BUNNY，

bunny

而說晚安的時候就是要睡覺了，因此是 SLEEP。

sleep

嗯……然後？

41

43

轉頭

剛剛答對的是巡警。電腦就先幫妳保管了……嘿嘿。

嘿、嘿、嘿

好！趕快。

是。

第 2 章
共通金鑰（對稱金鑰）
加密系統

*1 二進位數：Binary number。
*2 XOR 運算：Exclusive OR 簡稱 XOR，也稱作位元邏輯運算。

那可是價值3億日圓的祖母綠寶石呀！

嗚哇……

展示櫃有上鎖嗎？

有，但是不知不覺就被打開了……

名貴的寶石是被人從天花板釣走的吧！

嗯♡

為什麼妳知道偷竊的手法呢？

果然，妳就是……

抽

我家報社收到了這封信！

47

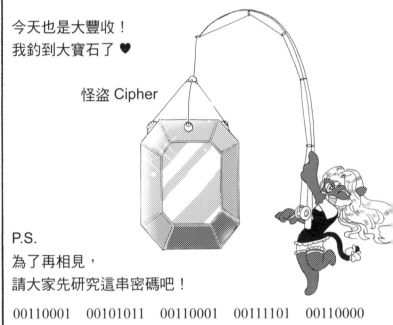

今天也是大豐收！
我釣到大寶石了 ♥

怪盜 Cipher

P.S.
為了再相見，
請大家先研究這串密碼吧！

00110001　　00101011　　00110001　　00111101　　00110000

這是什麼呀？

又出現新密碼了。

怒火上升

馬上叫琉可
把它解開。

我也要去。

那……
搜查呢？

嗯 嗯

00110001　00101011

00110001　00111101

00110000

這次是 0 和 1 的任意組合，到底是什麼啊？

OBOT！

這是 2 進位數。

電腦所處理的數據都是由 0 和 1 組合而成的 2 進位數喔！

以 0 或 1 表示資訊的最小單位稱為位元*1。

每 8 位元（以 0 或 1 的數字排列成 8 位數的 2 進位數）稱為 1 個元組*2。

1 位元組為 2 的 8 次方，即若以算式表示，則可表示為 $2^8 = 256$。

表 2-1　2 進位數和 10 進位數和 16 進位數的對照

2 進位數	10 進位數	16 進位數	2 進位數	10 進位數	16 進位數
0000	0	0	1000	8	8
0001	1	1	1001	9	9
0010	2	2	1010	10	A
0011	3	3	1011	11	B
0100	4	4	1100	12	C
0101	5	5	1101	13	D
0110	6	6	1110	14	E
0111	7	7	1111	15	F

0 就是 0，1 就是 1，而 2 就 10……

隨著 2 進位數的數字越大，位數也會漸漸增加，因此時常採用 16 進位數來表示。為了表示某資訊為 16 進位數，有時會在前面加上「0x」的記號。16 進位數的 0xA 即表示 10 進位數的 10。

這和使用文字當做密碼的古代密碼不同，所有的現代密碼基本上都是 2 進位數。

*1 位元：Bit。
*2 位元組：Byte。

怪盜 Cipher 留下的訊息也是將文字以 2 進位數改過的嗎？

那麼，將最初 8 位數的 2 進位數，區分為 4 位數改寫成 16 進位數！

前 4 位元　後 4 位元
0011 ／ 0001
↓　　　↓
3　　　1

31？
Thirty one?

以現在電腦常使用的編碼（ASCII*）來看，16 進位數的 31 即爲數字「1」。

※ JIS X 0201 編碼是將世界標準編碼的 ASCII（7 位元），擴張為日本國內使用，將其改為 1 位元組（8 位元），並加入英數字、符號，又以半形片假名等來表示的文字編碼。

※表的讀解方式為 16 進位數，上列是前 4 位元，而左列為後 4 位元。

表 2-2　JIS X 0201 編碼

前 4 位元

後4位元	00	10	20	30	40	50	60	70	80	90	A0	B0	C0	D0	E0	F0
00		DE		0	@	P		p				ー	タ	ミ		
01	SH	D1	!	1	A	Q	a	q			。	ア	チ	ム		
02	SX	D2	"	2	B	R	b	r			「	イ	ツ	メ		
03	EX	D3	#	3	C	S	c	s			」	ウ	テ	モ		
04	ET	D4	$	4	D	T	d	t			、	エ	ト	ヤ		
05	EQ	NK	%	5	E	U	e	u			・	オ	ナ	ユ		
06	AK	SN	&	6	F	V	f	v			ヲ	カ	ニ	ヨ		
07	BL	EB	'	7	G	W	g	w			ア	キ	ヌ	ラ		
08	BS	CN	(	8	H	X	h	x			ィ	ク	ネ	リ		
09	HT	EM	)	9	I	Y	i	y			ゥ	ケ	ノ	ル		
0A	LF	SB	*	:	J	Z	j	z			ェ	コ	ハ	レ		
0B	HM	EC	+	;	K	[	k	{			ォ	サ	ヒ	ロ		
0C	CL	→	,	<	L	¥	l	│			ャ	シ	フ	ワ		
0D	CR	←	-	=	M	]	m	}			ュ	ス	ヘ	ン		
0E	SO	↑	.	>	N	^	n	―			ョ	セ	ホ	゜		
0F	SI	↓	/	?	O	＿	o				ッ	ソ	マ	゜		

*ASCII：American Standard Code for Information Interchange，簡稱 ASCII。美國資訊交換標準碼。

如此一來，
怪盜 Cipher 所留下的
數字就像這樣。

表 2-3　2 進位數和 JIS X 0201 編碼
　　　　的對照

2 進位數	16 進位數	JIS X 0201 編碼
00110001	31	1
00101011	2B	+
00110001	31	1
00111101	3D	=
00110000	30	0

$$1 + 1 = 0$$

1 加 1 不是
等於 2 嗎？

怪盜 Cipher
是笨蛋嗎？

怎麼可能！

這是 XOR 運算，
也就是表示位元邏輯運算
的式子喔！

這是密碼不可或缺
的邏輯運算喔！

XO 醬？

拔牙？

老鷹？

我忽然想到還有要事
要忙，先走一步啦！

喂、喂

邏輯運算指的是如同 1 和 0 一般，只處理 2 種數值的計算喔！

電腦所執行的運算全都屬於邏輯運算！

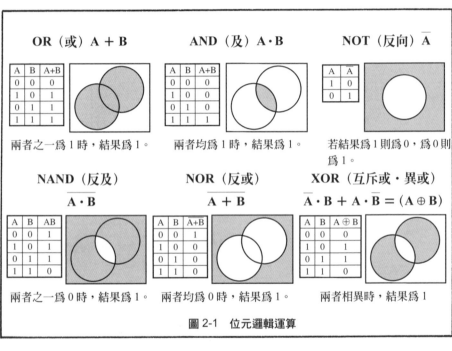

OR（或）A＋B

A	B	A+B
0	0	0
1	0	1
0	1	1
1	1	1

兩者之一為 1 時，結果為 1。

AND（及）A・B

A	B	A+B
0	0	0
1	0	0
0	1	0
1	1	1

兩者均為 1 時，結果為 1。

NOT（反向）$\overline{A}$

A	$\overline{A}$
1	0
0	1

若結果為 1 則為 0，為 0 則為 1。

NAND（反及）$\overline{A \cdot B}$

A	B	AB
0	0	1
1	0	1
0	1	1
1	1	0

兩者之一為 0 時，結果為 1。

NOR（反或）$\overline{A + B}$

A	B	$\overline{A+B}$
0	0	1
1	0	0
0	1	0
1	1	0

兩者均為 0 時，結果為 1。

XOR（互斥或・異或）$\overline{A} \cdot B + A \cdot \overline{B} = (A \oplus B)$

A	B	A⊕B
0	0	0
1	0	1
0	1	1
1	1	0

兩者相異時，結果為 1

圖 2-1　位元邏輯運算

XOR 運算如圖 2-1 所示，若值相異時為「1」，其他的情況則都是「0」。

運算 XOR 的符號為「⊕」，平常這樣使用：
$1 \oplus 0 = 1，1 \oplus 1 = 0$。

這種運算有什麼用處呢？

請看下列式子！

假設(1101)爲明文，(1001)爲加密金鑰，執行 XOR 運算。

$$(1101) \oplus (1001) = (0100)$$
明文　加密金鑰　密文

將運算結果(0100)視爲密文。接下來進行密文(0100)和解密金鑰(1001)的 XOR 運算。

$$(0100) \oplus (1001) = (1101)$$
密文　解密金鑰　明文

如此一來，解密後可得明文。此外，進行密文(0100)和明文(1101)的 XOR 運算後，可得下列的金鑰。

$$(0100) \oplus (1101) = (1001)$$
密文　　明文　　解密金鑰＝加密金鑰

換句話說，從明文、加密金鑰、解密金鑰和密文中，任選 2 個資料僅能導出一個剩餘的資料。

這、這是為什麼呢？

原來如此！用XOR運算實際上是可以進行加密及解密的處理的！

加密：

明文 ⊕ 加密金鑰＝密文

我愛你 ⊕ 🔑 ＝ §&★@♪〒

解密：

密文 ⊕ 解密金鑰＝明文

§&★@♪〒 ⊕ 🔑 ＝ 我愛你

（加密金鑰＝解密金鑰）

正是如此。

共通金鑰密碼＝替代密碼＋置換密碼＋XOR運算

使用出現於第1章的替代和置換密碼，然後再加上XOR運算的話，

便可做出現代密碼的「共通金鑰密碼」喔！

共通金鑰？

加密和解密都使用共通的金鑰喔！

還好吧？

接下來，一起來學習共通金鑰密碼吧！

我跟得上嗎…

嘶 嘶 嘶———

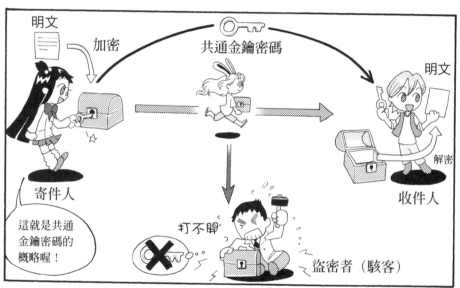

明文

加密

共通金鑰密碼

明文

寄件人

這就是共通金鑰密碼的概略喔!

打不開

盜密者(駭客)

收件人

解密

密碼的寄件人和收件人,

嗯

嗯

為了使用他人無法知道的金鑰內容,因此進行加密和解密!

共通金鑰密碼（Common Key Cryptography）
據其特徵亦可稱爲對稱金鑰密碼（Symmetric
Key Cryptography），或是祕密金鑰密碼（Secret
Key Cryptography）。古代密碼（慣用密碼）均
爲共通金鑰密碼。

若 3 人以共通
金鑰密碼來互
相連繫時，

你們認爲需要
幾個金鑰呢？

3 個吧？

BINGO！

那麼，哥哥！

4 人互相連繫
時，則需要幾
個金鑰呢？

嗯……

3 人需 3 個金鑰的話，

4 人就是 4 個囉？

錯——

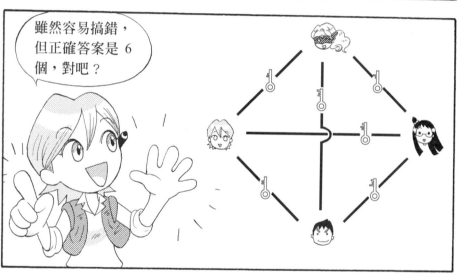

雖然容易搞錯，但正確答案是 6 個，對吧？

n 個使用者以共通金鑰互相以密碼連繫時，

共通金鑰的個數 $= {}_nC_2 = \dfrac{n(n-1)}{2}$

所需的金鑰數是以這個公式計算喔！

$$計算 {}_{100}C_2 後，可得$$
$$\frac{100 \times (100 - 1)}{2} = 4950$$

是啊！但是如何將共通金鑰傳達給對方也是個問題。

金鑰也用郵件傳送不就行了嗎？

那如果金鑰被偷的話，不就毫無意義了嗎？

那麼，再以另外的共通金鑰幫此金鑰加密呢？

那另外的金鑰要如何傳達給對方啊？

用郵件……

咦？

這樣另外的金鑰又要用另外的金鑰來加密……

另外的金鑰又要用另外的金鑰來加密？

咦？ 咦？ 咦？

結果，金鑰的資料還是必須親手交付，

或是請值得信賴的人來傳達才安全。

仔細一想，持有所有郵件往來者的共通金鑰很累人呢！

此時會使用不需配送金鑰的「公開金鑰密碼」喔！

我們將會在第3章學到它。

❀ 共通金鑰密碼的特徵

共通金鑰密碼和公開金鑰密碼相結合後，

還可運用於網路相關的通訊上喔！

・為了不讓別人知道金鑰，必需特別注意配送及保管。

・由於加密及解密計算量少且快速，因此適用於大量資料的連繫。

・需要多數的金鑰及管理，因此不適用於和不特定多數對象間的連繫。

共通金鑰密碼大致上分為兩種方式。

①串流密碼*1（逐次密碼）

②區塊密碼*2

兩者有什麼不同呢？

串流密碼是以 1 位元或 1 位元組連續加密的方式進行喔！

接下來說明給你聽。

區塊密碼是將明文和密文的資料，依照一定長度（區塊）來區分再加以加密及解密的方式。首先來看看串流密碼。

區塊

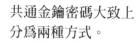

2-3 串流密碼的構造

*1 串流密碼：Stream Cipher，又稱爲串流加密法。

*2 區塊密碼：Block Cipher，又稱爲區塊加密法。

我們來看看串流
密碼是如何進行
加密吧！

Stream（串流）意指流動之意。由於其逐次地進行加密及解密的模式，因此被用於手機等的通訊方式上。

金鑰為電腦產生的長串虛擬亂數*數列（任意數的排列）。只要將明文的資料和金鑰逐步地執行 XOR 運算，便可完成加密。

由於操作起來比區塊密碼單純，因此可快速地處理。

代表性的串流密碼有「RC4」和「SEAL」等。

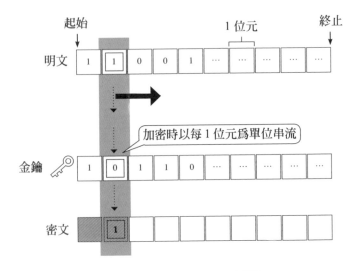

圖 2-2　串流密碼的構造

*虛擬亂數：Pseudo-Random Number。

「虛擬亂數列」
又是什麼呢？

虛擬亂數列是指看似
亂數列的數列！（請
參見第 255 頁）

順道一提，串流密
碼和區塊密碼均可
逐一試用金鑰，進
而找出真正金鑰。
（請參見第 79 頁）

也就是它僅能
確保計算量上
的安全性。

嗯

無法做出真正
的亂數列嗎？

只要作出比明文還長的
真正亂數列，再將其做
成金鑰，就成為絕對安
全的弗納姆密碼了！

但是以電腦來做是
相當困難的唷！

咦？哥哥呢？

去哪裡了

啊哈

啊哈

2-4　區塊密碼的構造

相對於串流密碼是對每 1 位元逐一加密，區塊密碼則是區分為一定的區塊後再進行加密（圖 2-3）。每個區塊的長度會依密碼不同而有所差異，有 64 位元及 128 位元兩種。另外，由於每位元組的文字會變成 8 位元，因此若將 64 位元設為 1 個區塊，則 8 個文字就會成為 1 個區塊。

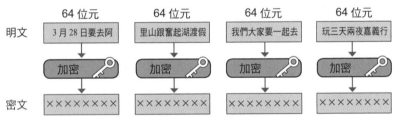

圖 2-3　區塊密碼的構造

每個區塊之所以為 64 位元，是由於透過電腦處理能力的提昇，使計算次數減少，以及位元數極少時，會有安全上的問題所致。

表 2-4　區塊密碼的種類

密碼的名稱	區塊長度（位元）	金鑰長度（位元）
DES	64	64
AES	128	128　192　256

設每區塊的區塊長度為 64 位元

明文 | E | m | e | r | a | l | d | |

設編碼為 16 進位數

8 位元	8 位元	8 位元	8 位元	8 位元	8 位元	8 位元	不足 8 位元
0x45	0x6D	0x65	0x72	0x61	0x6C	0x64	

56 位元

為符合區塊長度（64 位元）而加以填補

8 位元	8 位元	8 位元	8 位元	8 位元	8 位元	8 位元	8 位元
0x45	0x6D	0x65	0x72	0x61	0x6C	0x64	0x01

64 位元

※上圖以 0x 為起始符號，表示 16 進位數 2 位數的文字編碼（1 位元組）。

圖 2-4　填補的實例

　　上述的實例中，已加上「0x01」，使其區塊長度成為 64 位元（8 位元組）。此「0x01」是指「1」，表示在進行解密時被去除的填補位元組數。除此之外，尚有其他填補方式。

無論是何種明文都會盡量把它調整為區塊長度的倍數喔！

padding

若明文過長、區塊為複數時，

全部都要各別加密嗎？

也有這種作法喔！

電子 密碼 本
ECB: Electric Code Book

將各個區塊視為獨立個體，分別進行加密及解密的方式，

稱為 ECB 模式。

如此一來，若明文中有資料相同的區塊單位時，

密文亦會重複，這樣不會降低安全性嗎？

例如，明文中有兩處出現「my love,」。

…my love, …………my love,

↓ 加密

…/"!#$&%* …………/"!#$&%*

如此一來「/"!#$%*」便會重複，恐怕會成為解讀密碼的線索。

密文 區塊 鏈結
CBC: Cipher Block Chaining

為了防止這種狀況，還有稱為密文區塊鏈結的模式喔！

這是什麼呀？

✖ CBC 模式

CBC 模式是指即使用同一明文也會產生不同密文的方式。

將明文分為區塊來組合時，會將輸入資料或是輸出資料的一部分回饋至區塊單位，讓明文區塊間的串連資訊更加擴散，進而增加密碼的強度。

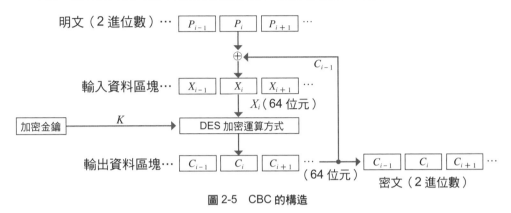

圖 2-5　CBC 的構造

如圖 2-5 的情況時，位於前一順位的密文區塊 C_{i-1} 和下一個明文區塊 P_i 之 XOR 運算，也就是以

$$X_i = C_{i-1} \oplus P_i$$

將所運算出的 X_i，設為用於加密的輸入資料。如此一來，即使存在相同內容的明文區塊，也不會產生相同內容的密文區塊。然而，由於並未為最初的區塊準備回饋的資料 C_0，因此，必需設定前一順位的密文區塊之初始向量[*1]。

諸如此類，將複數區塊的加密加以規範的方式稱為模式[*2]。區塊密碼的模式中，除了上述的 CBC 模式及前頁的 ECB 模式之外，尚有 OFB 模式[*3]、CFB 模式[*4] 等。

說明變得越來越專業了…

*1 初始向量：Initial Vector 簡稱 IV。
*2 模式：mode。
*3 OFB 模式：Output Feedback Mode，輸出反饋模式。
*4 CFB 模式：Cipher Feedback Mode，密文反饋模式。

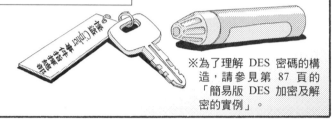

※為了理解 DES 密碼的構造，請參見第 87 頁的「簡易版 DES 加密及解密的實例」。

DES 雖然是世界上第一個標準化的商用密碼，

還是有其基礎的密碼系統喔！

作為最初民間標準規格的密碼：
DES（Data Encryption Standard）

為其基礎的加密系統：Lucifer Cipher
（魔王密碼）

開發者：IBM 公司的霍斯特・費斯妥
（Horst Feistel）

哇！

真想知道實際的構造是什麼樣子！

是呀！

那麼，請參見第 87 頁的「簡易版 DES 加密及解密的實例」吧！

❋ Feistel 密碼的基本構造

費斯妥（Feistel）所想出的加密方法如下所述。

※ IP：Initial Permutation

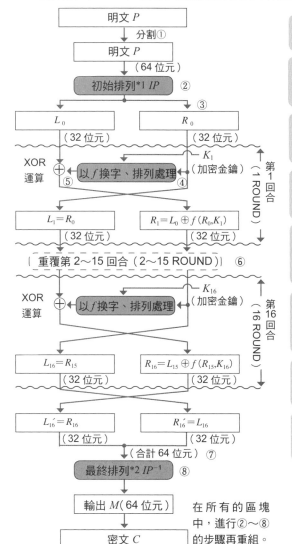

①將明文以每 64 位元分割為 1 個區塊。

②64 位元的區塊內，進行初始排列 IP，置換位元，使其變得散亂無章。

③將 64 位元的區塊，分割為 2 個區塊，分別為左邊 32 位元（L_0）和右邊 32 位元（R_0）。

④使用加密金鑰（K_1）的非線性函數 f，將 R_0 的區塊進行複雜地換字及排列處理。

⑤經過④的處理後，對 R_0 和 L_0 進行 XOR 運算，產生出右邊新的 32 位元（R_1）。然後設原本的 R_0 為左邊新的 32 位元（L_1）。

⑥把④和⑤的處理當作 1 個回合，而重覆進行 2 回合至 15 回合。

⑦左邊 32 位元（L_{16}）和右邊 32 位元（R_{16}）的兩個區塊，再重組為 64 位元的區塊。

⑧最後，進行最終排列 IP^{-1}，即完成 1 個區塊的加密。

DES 的構造和此圖相同喔！

在所有的區塊中，進行②～⑧的步驟再重組。

圖 2-6　DES 的加密順序（密文的產生）

*1 初始排列：Initial Permutation。

*2 最終排列：Final Permutation，簡稱 IP-1，也可稱為初始排列之反排列或反排列。

產生密碼需要許多麻煩的處理呢！

防止解讀的變換處理

是以對合的形式來進行喔。

加油吧！哥哥

✿ 對合

　　對合（involution）是指，進行 2 次轉換後便會回復為原狀的轉換。

　　例如，想將 1 轉換為 4，2 轉換為 3，3 轉換為 2，4 轉換為 1。在這些轉換中，轉換前和轉換後的值是以 1 對 1 的對應方式。在此，請試著進行連續 2 次轉換。如此一來，就會轉換成

　　　　　$1 \rightarrow 4 \rightarrow 1$

　　　　　$2 \rightarrow 3 \rightarrow 2$

　　　　　$3 \rightarrow 2 \rightarrow 3$

　　　　　$4 \rightarrow 1 \rightarrow 4$

每一項都會回復為原始的值。此類的轉換就稱為對合。對合與 DES 密碼的解碼構造有相當密切的關係。

費斯妥的密碼還真是不簡單呢！

別這麼說

此種密碼的構造以其開發者命名為 Feistel 密碼。

至今仍然使用喔！

DES 和魔王密碼相同嗎？

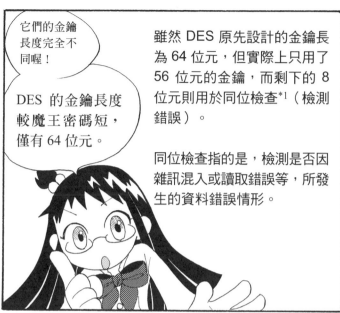

它們的金鑰長度完全不同喔！

DES 的金鑰長度較魔王密碼短，僅有 64 位元。

雖然 DES 原先設計的金鑰長為 64 位元，但實際上只用了 56 位元的金鑰，而剩下的 8 位元則用於同位檢查*1（檢測錯誤）。

同位檢查指的是，檢測是否因雜訊混入或讀取錯誤等，所發生的資料錯誤情形。

不過金鑰不是越長，密碼的安全性就越高嗎？

制定規格時，美國的 NSA 國家安全局便限制了金鑰的數量喔！

金鑰的個數限制爲 10 京*2 個以下。

那麼 56 位元（2^{56}）的話……

爲什麼呢？

*1 同位檢查：Parity Check。
*2 億＝ 10^8、兆＝ 10^{12}、京＝ 10^{16}、垓＝ 10^{20}。

金鑰的個數若過多，

NSA便無法竊得密碼了，對吧？

大概吧！

NSA是在世界各地進行諜報活動的組織喔！

訂

經常需要解讀密碼以取得重要機密！

發抖

喔！好可怕……

DES也同樣對金鑰進行各種加工後，

以便作爲各回合（ROUND）的非線性函數 f 的常數來使用喔！

⌘ DES 的加密金鑰*之生成

在 DES 中用於加密的金鑰 K_1、K_2、K_3……K_{16}，被製造成每回合（ROUND）都相異的構造。

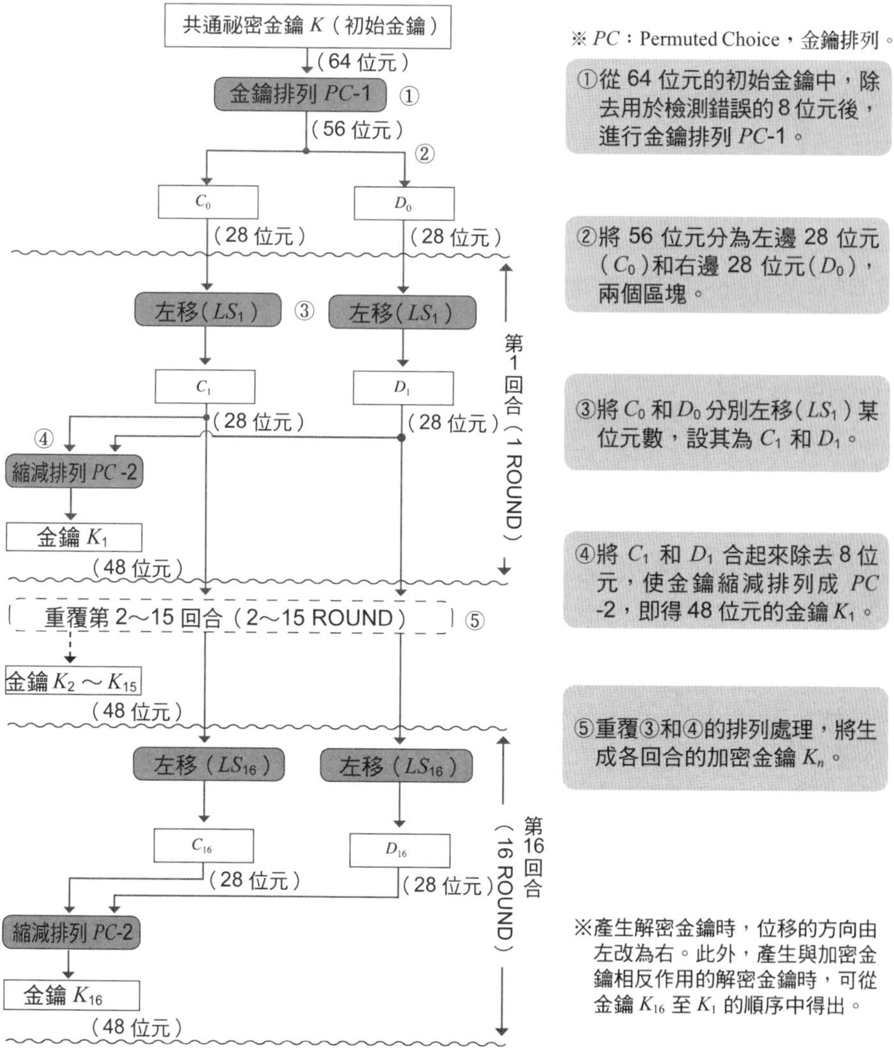
共通祕密金鑰 K（初始金鑰）
（64 位元）
金鑰排列 PC-1 ①
（56 位元）
②
C0
D0
（28 位元）
（28 位元）
左移（LS1） ③ 左移（LS1）
C1
D1
（28 位元）
（28 位元）
④
縮減排列 PC-2
金鑰 K1
（48 位元）
第1回合（1 ROUND）
重覆第 2～15 回合（2～15 ROUND） ⑤
金鑰 K2～K15
（48 位元）
左移（LS16）
左移（LS16）
C16
D16
（28 位元）
（28 位元）
縮減排列 PC-2
金鑰 K16
（48 位元）
第16回合（16 ROUND）
※ PC：Permuted Choice，金鑰排列。
①從 64 位元的初始金鑰中，除去用於檢測錯誤的 8 位元後，進行金鑰排列 PC-1。
②將 56 位元分為左邊 28 位元（C0）和右邊 28 位元（D0），兩個區塊。
③將 C0 和 D0 分別左移（LS1）某位元數，設其為 C1 和 D1。
④將 C1 和 D1 合起來除去 8 位元，使金鑰縮減排列成 PC-2，即得 48 位元的金鑰 K1。
⑤重覆③和④的排列處理，將生成各回合的加密金鑰 Kn。
※產生解密金鑰時，位移的方向由左改為右。此外，產生與加密金鑰相反作用的解密金鑰時，可從金鑰 K16 至 K1 的順序中得出。

圖 2-7　DES 密碼中，加密金鑰及解密金鑰的產生順序

*加密金鑰：Encryption Key。

✿ DES 的非線性函數 f 的構造

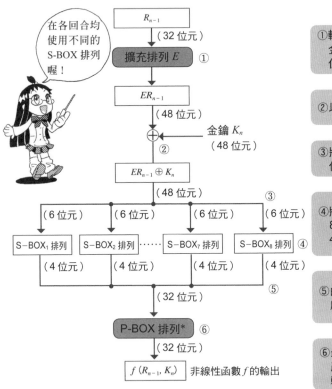

①輸入的左邊 32 位元之資料與金鑰相結合，擴充排列為 48 位元。

②以 XOR 運算其資料及金鑰。

③將運算的結果分割為 8 組 6 位元。

④將 6 位元的資料，分別於 1～8 個 S-BOX 排列中，變換為 4 位元。

⑤由 S-BOX 排列輸出的資料依序重組為 32 位元。

⑥最後，經由 P-BOX 排列後的產物，即為非線性函數 f 的輸出。

圖 2-8　DES 非線性函數的構造

*P-BOX 排列：P-BOX Permutation。

⌘ 使用 DES 加密及解密的基本構造

DES 進行加密及解密的方法如下述。其與明文的加密變換處理與密文的解密處理的流程相反。

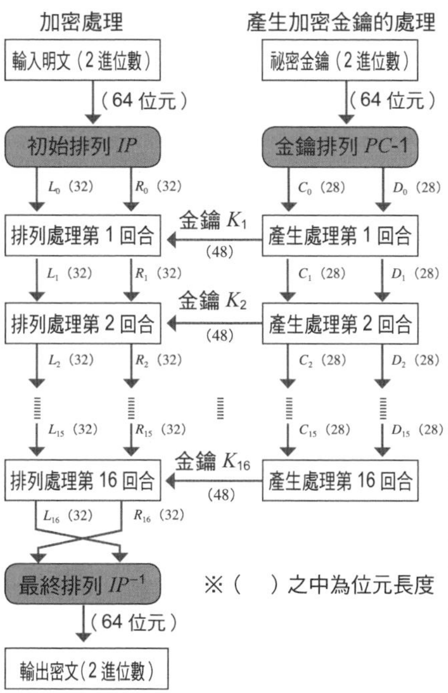

圖 2-9　DES 加密的基本構成

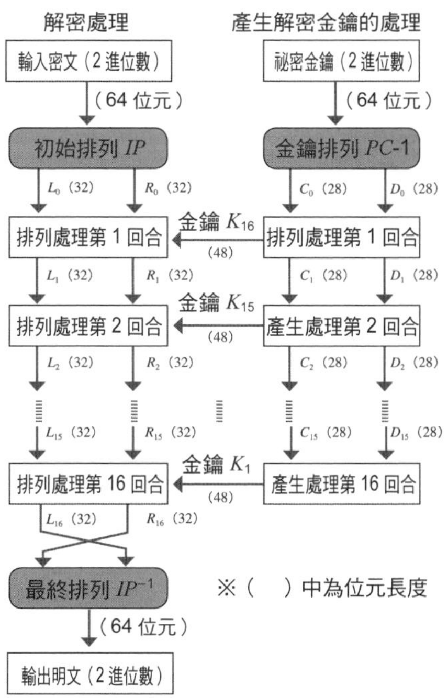

圖 2-10　使用 DES 解密的基本構成

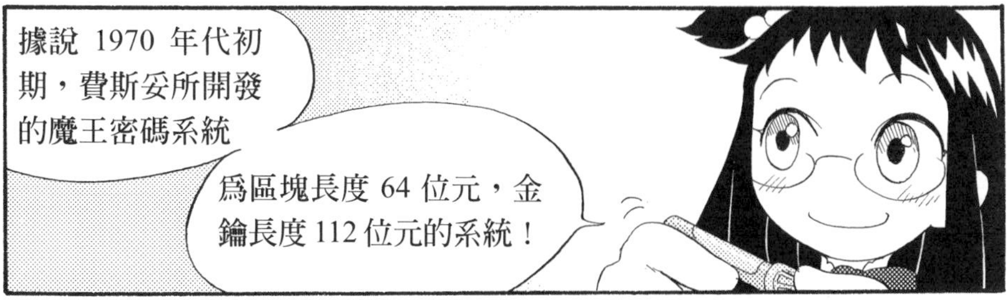

哥哥，你懂 DES 了嗎？

有一點。

真了不起呢！

呵

漢

摸頭 摸頭

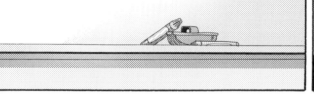

但是，
只要我不斷複習，

一定可以變專家！

堅 定

漢

那你一定要深入理解第 87 頁的簡易版 DES。
看來只能加緊用功了……

呵呵 呵……

不過，DES 似乎是變久以前就存在的密碼，現在也能安全使用嗎？

說到這個，確實隨著電腦的發達，現在 DES 已經可以被解讀了。

DES 的缺點
· 金鑰長度短。金鑰長度短則處理速度慢，且易於解讀。
· 由於沒有 S-BOX 排列的設計基準，因此實際運作起來容易出現漏洞。

用什麼方法呢？

漢

我也可以辦到嗎？

絕對

果斷

無力

不可能。

解讀區塊密碼的方法有這些。

表 2-3　區塊密碼的解讀法

暴力攻擊法*1	滴水不漏地找尋金鑰之方法。
差異攻擊法*2	利用輸入的差距，等於輸出差距的 XOR 運算性質，來找尋金鑰的方法。
線性攻擊法*3	將 S-BOX 排列做成線性近似（以一次函數的直線來近似），以機率來推測輸出的方法。

*1 暴力攻擊法：Brute Force Attack。
*2 差異攻擊法：Differential Cryptanalysis。又稱差分攻擊法。
*3 線性攻擊法：Linear Cryptanalysis。

1990 年代時，DES 密碼就已經可以藉

由暴力攻擊法或線性攻擊法來破解了。

OROT！

虧我還這麼認真學習，

真困擾呀！

大吃一驚

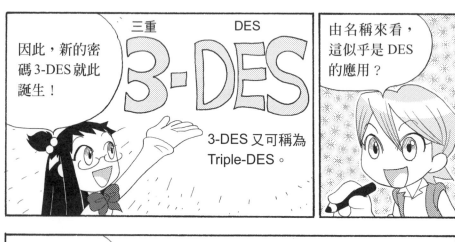

因此，新的密碼 3-DES 就此誕生！

三重　DES

3-DES

3-DES 又可稱為 Triple-DES。

由名稱來看，這似乎是 DES 的應用？

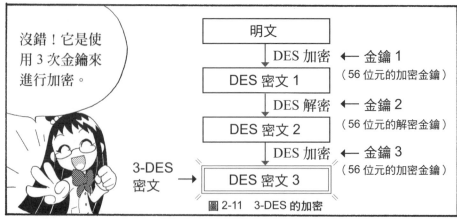

沒錯！它是使用 3 次金鑰來進行加密。

| 明文 |
| DES 加密 ← 金鑰 1 |
| （56 位元的加密金鑰） |
| DES 密文 1 |
| DES 解密 ← 金鑰 2 |
| （56 位元的解密金鑰） |
| DES 密文 2 |
| DES 加密 ← 金鑰 3 |
| （56 位元的加密金鑰） |

3-DES 密文 → DES 密文 3

圖 2-11　3-DES 的加密

若最初的加密及解密都使用相同金鑰，

則第 2 次加密時，無論使用何種金鑰，都會產生和 DES 相同的結果。

※這種情況下，實際的金鑰長度會維持在 56 位元。

若最初的加密和第 2 次的加密使用相同金鑰，

但解密時卻使用不同金鑰的話，則金鑰長度會變爲 56×2＝112 位元喔！

112 bit

※3-DES 又可稱爲 EDE 模式（加密-解密-加密模式，Encrypt Decrypt Encrypt）。

168 bit！

若全部都使用不同金鑰，則金鑰長度會變爲 56×3＝168 位元。

3-DES 只是
金鑰長度變
長而已嗎？

似乎是這樣。

它無法解決根
本問題呢！

因此，美國的 NIST*公開
招募可以做為次世代加密
標準的 AES 密碼。

AES：
Advanced Encryption Standard
（高級加密標準）。獲得了
IBM 及 NTT 等世界級的企業及
組織的應募。

ICE 密碼？

因此，後來被當
作 AES 採用的是

Rijndael 加密法喔！

目前被用於美國
政府的機密文件
的加密上。

*NIST：National Institute of Standards and Technology，美國國家標準和技術研究院。

✿ AES 密碼的概要

2000 年，Rijndael 被 FIPS[1] 作為 AES 之用。Rijndael 為比利時天主教魯汶大學[2]的兩位研究者 Joan Daemen 及 Vincent Rijimen 的名字縮寫。

AES 依金鑰長度不同，分別有表 2-4 所示的 3 種類型。

表 2-4　AES 密碼的種類

類型	金鑰長度〔位元〕	區塊長〔位元〕	段數
AES−128	128	128	10
AES−192	192	128	12
AES−256	256	128	14

隨著金鑰長度越長，段數越多，密碼的強度亦越高。

密碼的構造並非 Feistel 密碼，而是被稱為 SPN[3] 的系統。AES 密碼是對輸入區塊和各回合的金鑰進行 XOR 運算，並同時進行換字和排列處理來增加回合數。

我想今後，勢必會漸漸由 DES 轉移至安全性較高的 AES 吧！

AES 的安全性真的那麼高嗎？

現在我們假設破解 DES 需要 1 秒，

那麼妳認為破解 AES 需要花多少時間呢？

*1 FIPS：Federal Information Processing Standard，美國聯邦資訊處理標準。
*2 天主教魯汶大學：Catholic University of Leuven。
*3 SPN：Substitution Permutation Network。

1年
左右嗎？

據說要花
149兆年喔！

咻～

S-BOX排列的構造
現在已開放讓許多
研究者投入調查，

但卻無人能發
現問題點。

那麼未來AES
還是很安全
吧？！

不過破解者也在
持續進步中！

因此有人說AES的
安全性僅在未來10
年內有效！

原來如此…

話說回來，哥哥。

我教了你們這麼多密碼的內容，也差不多該買電腦給我了吧！

啊！

我也這麼想，所以我早就準備好了！

真的嗎!?

哈哈哈

拿去！

這台電子計算機比電腦方便多了……

很棒吧！

抖 抖 抖

我想要的是電腦才不是

電子計算機！！

哥哥是笨蛋

那麼，請閱讀從下一頁開始的簡易版 DES 解說，實際試著加密和解密吧！

唉呀……

第 3 章將會為你公開神密的金鑰！敬請期待！

簡易版 DES 加密及解密實例

DES 密碼是如何進行加密和解密呢？以下使用 DES 密碼的簡易版做說明。

❀ 轉換為 2 進位資料

不只是 DES 密碼，現代密碼也以 2 進位資料來處理，所以無論是文章或是數字都必須將明文轉換爲 2 進位資料。在此，我們假設僅使用列於表 2-7 內的 16 個文字（1 個文字爲無意義的「捨字」），將 1 個文字變換爲對應 4 位元的 2 進位碼，並以「0」和「1」的排列來表示明文。

表 2-7　文字和 2 進位碼

文字	2 進位碼	文字	2 進位碼
A	0000	I	1000
B	0001	J	1001
C	0010	K	1010
D	0011	L	1011
E	0100	M	1100
F	0101	N	1101
G	0110	O	1110
H	0111	（捨字）	1111

❀ DES 密碼的生成

DES 密碼中是把 64 位元設爲 1 個區塊，然而在不損害其一般性的前提下，爲了易於說明，一般會把 8 位元設爲 1 個區塊，成爲 2 個回合的簡易 DES 密碼程序。DES 密碼的產生是以加密和產生金鑰這兩個程序爲基礎來進行。（圖 2-12）

首先，如圖 2-12 所示，將欲加密的明文參考表 2-7 變換爲「0」和「1」的文字列。那麼 8 位元的 2 進位資料會先藉由初始排列 IP 成爲亂數化。至於如何亂數化，請參考表 2-8。

表 2-8 意指，將每 8 位元區塊化的明文輸入用初始排列加以轉換的結果。例如，將明文輸入的第 1 位元，以初始排列加以轉換則會輸出第 5 位元（圖 2-13）接下來，以由左至右的順序，輸入的第 2 個位元將會置換輸出成第 1 個位元……，以這樣的方式來置換。

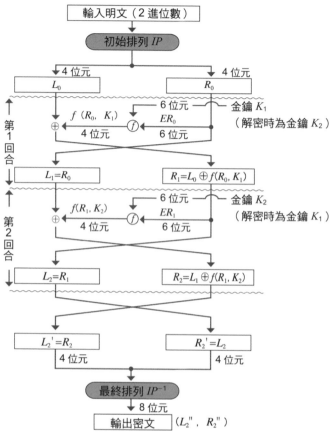

圖 2-12　簡易版 DES 的密文產生順序

表 2-8　初始排列 IP

輸入位元位置 j	1	2	3	4	5	6	7	8
輸出位元位置 k	5	1	6	2	7	3	8	4

表 2-9　初始排列（表 2-8 的另一種表現方式）

輸出位元位置 k	1	2	3	4	5	6	7	8
輸入位元位置 j	2	4	6	8	1	3	5	7

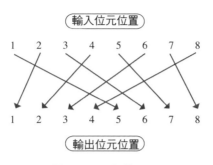

圖 2-13　初始排列 IP

表 2-8 爲按照輸出位元的順序排列的形式，另外也有如同表 2-9 的表現方式。在表 2-9 中的狀況是，初始排列後，輸出的第 1 位元得出輸入的第 2 位元，而輸出的第 2 位元則得出輸入的第 4 位元等等。（圖 2-14）

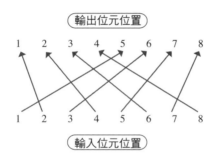

圖 2-14　初始排列 IP 的另一種表現方式

初始排列後的位元列（2 進位資料）在進行圖 2-12 的 2 回合密碼產生程序後，藉由表 2-10 的最終排列 IP^{-1}，可回復至原本輸入的位元位置。

表 2-10　最終排列 IP^{-1}

輸入位元位置 j	1	2	3	4	5	6	7	8
輸出位元位置 k	2	4	6	8	1	3	5	7

換句話說，若試著將表 2-8 和表 2-10 以連續的方式表現，例如，在表 2-8 中，輸入的第 5 位元會以第 7 位元來輸出。另外，我們可知，其第 7 位元則會依表 2-10 所示，變爲第 5 位元，而回復至原本的第 5 位元位置。（圖 2-15）。

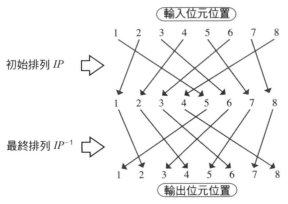

圖 2-15　初始排列 IP 和最終排列 IP^{-1} 的組合

接下來我將具體說明過程中需要用到的 DES 密碼中，所使用的 2 個金鑰為：

$$K_1 = (110001), K_2 = (111000) \quad \cdots\cdots\cdots\cdots\cdots\cdots\cdots\cdots\cdots\cdots\quad (1)$$

（關於金鑰的產生，留待後述。）現在我們試著以 4 位元來表示 1 個文字，並試著將 MC 這個文字列轉換為簡易版的 DES 密文。再根據表 2-7，設 MC 為 2 進位數，則可表示為 MC → 11000010。

以下，我將以具體例子來說明關於 DES 密碼產生的流程，因此請大家也一個個仔細地計算，並深入理解。

步驟 1

做初始排列時，我們根據表 2-8 的初始排列表，做出明文（11000010）＝「MC」的排列輸出資料。（圖 2-16）

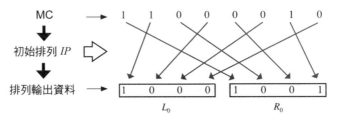

圖 2-16　根據明文的初始排列 IP 所得的輸出資料

步驟 2

將於步驟 1 得到的排列輸出資料分割為前 4 位元（左側）L_0，和後 4 位元（右側）R_0。由圖 2-16，可得下述內容。

$$L_0 = (1000) \cdots\cdots\cdots\cdots\cdots\cdots\cdots\cdots\cdots\cdots\cdots\cdots\cdots\cdots\cdots\cdots\cdots\cdots \quad (2)$$

$$R_0 = (10\underline{01}) \cdots\cdots\cdots\cdots\cdots\cdots\cdots\cdots\cdots\cdots\cdots\cdots\cdots\cdots\cdots\cdots\cdots \quad (3)$$

步驟 3

依表 2-11 的擴增排列 E^*，使式（3）的底線部分的第 3 位元和第 4 位元重複，並對 R_0 進行擴增排列。（將 4 位元增加至 6 位元，並改變位元位置。）

$$ER_0 = (\underline{011}0\underline{01}) \cdots\cdots\cdots\cdots\cdots\cdots\cdots\cdots\cdots\cdots\cdots\cdots\cdots\cdots\cdots \quad (4)$$

表 2-11　擴增排列 E

輸出位元位置 k	1	2	3	4	5	6
輸入位元位置 j	3	4	1	2	3	4

步驟 4

再對計算式（4）中已擴增排列的 ER_0 和金鑰 $K_1 = (110001)$ 進行 XOR 運算。（圖 2-17）

$$ER_0(K_1) = ER_0 \oplus K_1 \cdots\cdots\cdots\cdots\cdots\cdots\cdots\cdots\cdots\cdots\cdots\cdots \quad (5)$$

$$= (011001) \oplus (110001)$$

$$= (101000) \cdots\cdots\cdots\cdots\cdots\cdots\cdots\cdots\cdots\cdots\cdots\cdots\cdots\cdots \quad (6)$$

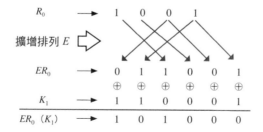

圖 2-17　「步驟 4」的計算流程

*擴增排列 E：Expansion Permutation。

依表 2-12 的選擇函數 S（Substitution），將式 (6) 作選擇函數替換。（將 6 位元縮減至 4 位元，並選擇替換的字。）

表 2-12　選擇函數 S

		列號														
		0	1	2	3	4	5	6	7	8	9	10	11	12	13	14	15
行號	0	14	4	13	1	2	15	11	8	3	10	6	12	5	9	0	7
	1	0	15	7	④	14	2	13	1	10	6	12	11	9	5	3	8
	2	4	1	14	8	⑬	6	2	11	15	12	9	7	3	10	5	0
	3	15	12	8	2	4	9	1	7	5	11	3	14	10	0	6	13

表 2-12 中，顯示了以行號 0、1、2、3 來表示 4 種的換字表。此時，式 (6) 的 6 位元中，依第一個位元（最左邊的第 1 位元）和最後的位元（最右邊的第 6 位元）這兩位元所顯示的值，來選擇表示換字表種類的行號。然後，剩餘的 4 位元再依顯示的值，決定 1 個列號（0～15），來選擇替換的字。

例如，對於式 (6) 的 $(① \ 0100 ⓪)_2$，我們知道要選擇 $(①⓪)_2 = (2)_{10}$ 的那一行，接著選擇與 $(0100)_2 = (4)_{10}$ 列的交叉值 $(13)_{10}$ 後（即表 2-12 中標示□處），作 2 進位數轉換後得出 $(1101)_2$。接著，將所得出的 $(1101)_2$ 依表 2-13 的 P-BOX 排列後，會形成 $(1101) \to (0111)$（圖 2-18）。而且，$(\ \ )_2$ 及 $(\ \ )_{10}$ 的小字分別表示 2 進位和 10 進位。

表 2-13　選擇函數的 P-BOX 排列

輸入位元位置 j	1	2	3	4
輸出位元位置 k	3	4	1	2

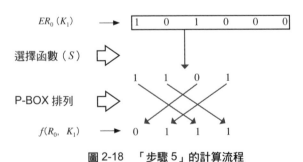

圖 2-18　「步驟 5」的計算流程

以上一連串的處理計算爲選擇、排列變換。此變換以非線性函數 f 表示爲

$$f(R_0, K_1) = (0111) \quad\cdots\cdots\cdots\cdots\cdots\cdots\cdots\cdots\cdots\cdots\cdots\cdots\cdots\quad (7)$$

在此，非線性函數指的是不滿足 $f(ax + by) = af(x) + bf(y)$ 的函數。而如同 $f(x) = 2x$ 這類通過原點的一次函數則因爲滿足此條件，屬於線性函數，然而，諸如 $f(x) = x^2$ 的二次函數，由於不滿足此條件，因此爲非線性函數。

步驟 6

根據圖 2-12 並利用式（2）、式（3）、式（7），依下式來求出第 1 回合輸出的前 4 位元（左側）L_1 和後 4 位元（右側）R_1。

$$L_1 = R_0 = (1001) \quad\cdots\cdots\cdots\cdots\cdots\cdots\cdots\cdots\cdots\cdots\cdots\cdots\quad (8)$$

$$R_1 = L_0 + f(R_0, K_1) \quad\cdots\cdots\cdots\cdots\cdots\cdots\cdots\cdots\cdots\cdots\quad (9)$$

$$= (1000) \oplus (0111) = (1111) \quad\cdots\cdots\cdots\cdots\cdots\cdots\cdots\quad (10)$$

以下同樣地，重覆 步驟 3 至 步驟 6 計算，即可產生 DES 密文。

步驟 7

根據表 2-11 的擴增排列 E，對 R_1 進行擴增排列。

$$ER_1 = (111111) \quad\cdots\cdots\cdots\cdots\cdots\cdots\cdots\cdots\cdots\cdots\cdots\cdots\quad (11)$$

步驟 8

計算式（11）中已擴增排列的 ER_1 與金鑰 $K_2 = (111000)$ 進行 XOR 運算。

$$ER_1(K_2) = ER_1 \oplus K_2 \quad\cdots\cdots\cdots\cdots\cdots\cdots\cdots\cdots\cdots\quad (12)$$

$$= (111111) + (111000)$$

$$= (000111) \quad\cdots\cdots\cdots\cdots\cdots\cdots\cdots\cdots\cdots\cdots\quad (13)$$

步驟 9

我們由式（13）的 $(\underline{0}\ \underline{0011}\ \underline{1})_2$，可知要選擇 $(\underline{0}\underline{1})_2 = (1)_{10}$ 行，然後選擇出 $(\underline{0011})_2 = (3)_{10}$ 列的交叉值 $(4)_{10}$ 後（表 2-12 中的○處），以 2 進位轉換

得出 $(0100)_2$。此外，依表 2-13 的 P-BOX 排列，可得

$$(0100) \rightarrow (0001) \quad\cdots\cdots\cdots\cdots\cdots\cdots\cdots\cdots\cdots\cdots\cdots\cdots\cdots\quad (14)$$

最後則表示爲

$$f(R_1, K_2) = (0001) \quad\cdots\cdots\cdots\cdots\cdots\cdots\cdots\cdots\cdots\cdots\cdots\quad (15)$$

步驟 10

我們可利用式(8)、式(10)、式(15)，求出圖 2-12 的第 2 回合輸出的前 4 位元（左側）L_2 和後 4 位元（右側）R_2 如下。

$$L_2 = R_1 = (1111) \quad\cdots\cdots\cdots\cdots\cdots\cdots\cdots\cdots\cdots\cdots\cdots\quad (16)$$
$$R_2 = L_1 \oplus f(R_1, K_2) \quad\cdots\cdots\cdots\cdots\cdots\cdots\cdots\cdots\cdots\cdots\quad (17)$$
$$= (1001) \oplus (0001) = (1000) \quad\cdots\cdots\cdots\cdots\cdots\cdots\quad (18)$$

步驟 11

依圖 2-12，在最終回合時，將前 4 位元 L_2 和後 4 位元 R_2 相互交換。（圖 2-19）

$$L_2' = R_2 = (1000) \quad\cdots\cdots\cdots\cdots\cdots\cdots\cdots\cdots\cdots\cdots\cdots\quad (19)$$
$$R_2' = L_2 = (1111) \quad\cdots\cdots\cdots\cdots\cdots\cdots\cdots\cdots\cdots\cdots\cdots\quad (20)$$

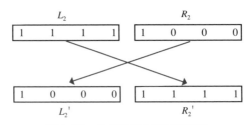

圖 2-19 〔步驟 11〕的計算流程

步驟 12

根據表 2-10 的最終排列 IP^{-1}，將圖 2-18 的 2 進位資料做成排列輸出資料（圖 2-20）。如此所得的 8 位元輸出資料即形成 DES 密文。

$$L_2'' = (1110) \quad \cdots\cdots\cdots\cdots\cdots\cdots\cdots\cdots\cdots\cdots\cdots\cdots\cdots\cdots\cdots\cdots\cdots\quad (21)$$

$$R_2'' = (1010) \quad \cdots\cdots\cdots\cdots\cdots\cdots\cdots\cdots\cdots\cdots\cdots\cdots\cdots\cdots\cdots\cdots\cdots\quad (22)$$

所得的密文（11101010）$\cdots\cdots\cdots\cdots\cdots\cdots\cdots\cdots\cdots\cdots\cdots\cdots\quad$ (23)

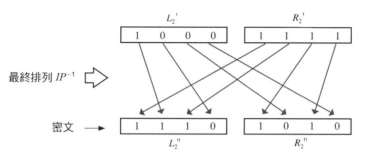

圖 2-20　以最終排列 IP^{-1} 輸出的密文

❀ DES 密碼的解密

接下來，請試著將圖 2-20 的密文回復為明文吧！

解密的順序可直接套用圖 2-12 的產生順序。然而，DES 密文產生時，雖然是使用金鑰 K_1、K_2 的順序，但在解密時則需顛倒順序，即在第 1 回合使用 K_2，第 2 回合使用 K_1。

首先，我們對式 (23) 的密文，由步驟 1 的初始排列開始進行。

步驟 1

初始時，以表 2-8 的初始排列表為基礎，做成密文（11101010）的排列輸出資料。（圖 2-21）

步驟 2

將於步驟 1 所得到的排列輸出資料分割為前 4 位元（左側）L_0，和後 4 位元（右側）R_0。再依圖 2-21 將式 (19)、式 (20) 做比較後，可表示如下。

$$L_0 = (1000) \ (= L_2') \quad \cdots\cdots\cdots\cdots\cdots\cdots\cdots\cdots\cdots\cdots\cdots\cdots\cdots\quad (24)$$

$$R_0 = (11\underline{11}) \ (= R_2') \quad \cdots\cdots\cdots\cdots\cdots\cdots\cdots\cdots\cdots\cdots\cdots\cdots\quad (25)$$

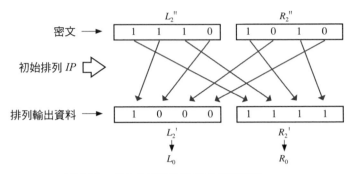

圖 2-21　密文的初始排列 IP 的資料輸出

步驟 3

依表 2-11 的擴增排列 E，使式 (25) 的底線部分的第 3 位元和第 4 位元重複，並對 R_0 進行擴增排列 E。

$$ER_0 = (\underline{1}111\underline{1}1) \quad\cdots\cdots\cdots\cdots\cdots\cdots\cdots\cdots\cdots\cdots\cdots\cdots \quad (26)$$

步驟 4

計算式 (25) 中已擴增排列的 ER_0 與金鑰 $K_2 = (111000)$ 進行 XOR 運算。

$$\begin{aligned}
ER_0(K_2) &= ER_0 \oplus K_2 \quad\cdots\cdots\cdots\cdots\cdots\cdots\cdots\cdots\cdots\cdots \quad (27)\\
&= (111111) \oplus (111000)\\
&= (000111) \quad\cdots\cdots\cdots\cdots\cdots\cdots\cdots\cdots\cdots\cdots\cdots \quad (28)
\end{aligned}$$

步驟 5

以表 2-12 的選則函數表為基礎，做式 (28) 的排列替換。式 (28) 的 (⓪ $\underline{0011}$ ①)$_2$，首先要選擇 (⓪ ①)$_2$ = $(1)_{10}$ 的行，接下來要選擇與 $(\underline{0011})_2 = (3)_{10}$ 的列的交叉值 $(4)_{10}$ 後（表 2-12 中○處）進行 2 進位變換可得出 $(0100)_2$。此外，依表 2-13 的 P-BOX 排列可得 $(0100) \rightarrow (0001)$，最後則表示為

$$f(R_0, K_2) = (0001) \quad\cdots\cdots\cdots\cdots\cdots\cdots\cdots\cdots\cdots\cdots\cdots \quad (29)$$

我們可使用式（24）、式（25）、式（29），當求出圖 2-12 中第 1 回合輸出的前 4 位元（左側）L_1 和後 4 位元（右側）R_1 如下。

$$L_1 = R_0 = (1111) \quad\text{····································}\quad (30)$$

$$R_1 = L_0 \oplus f(R_0, K_2) \quad\text{····································}\quad (31)$$

$$= (1000) + (0001) = (10\underline{0}1) \quad\text{····················}\quad (32)$$

以下再同樣地，重覆 **步驟 3** 至 **步驟 6** 計算。

依表 2-11 的擴增排列 E，對 R_1 進行擴增排列。

$$ER_1 = (\underline{011}0\underline{01}) \quad\text{····································}\quad (33)$$

將計算式（33）中已擴增排列的 ER_1 及金鑰 $K_1 = (110001)$ 進行 XOR 運算。

$$ER_1(K_1) = ER_1 \oplus K_1 \quad\text{····································}\quad (34)$$

$$= (011001) \oplus (110001)$$

$$= (101000) \quad\text{····································}\quad (35)$$

對於式（35）的 $(\underline{①}\,0100\,\underline{⓪})_2$，我們依表 2-12 選擇 $(①⓪)_2 = (2)_{10}$ 的行，接著再選擇前者與 $(\underline{0100})_2 = (4)_{10}$ 的列交叉值 $(13)_{10}$ 後（表 2-12 中□處），再以 2 進位作變換得出 $(1101)_2$。接著，依表 2-13 的 P-BOX 排列可得

$$(1101) \to (0111) \quad\text{····································}\quad (36)$$

最後則表示爲

$$f(R_1, K_1) = (0111) \quad\text{····································}\quad (37)$$

我們可使用式（30）、式（31）、式（37），可求出作為圖 2-12 的第 2 回合輸出的前 4 位元（左側）L_2 和後 4 位元（右側）R_2 如下。

$$L_2 = R_1 = (1001) \quad\cdots\cdots\cdots\cdots\cdots\cdots\cdots\cdots\cdots\cdots\cdots\cdots \quad (38)$$

$$R_2 = L_1 \oplus f(R_1, K_1) \quad\cdots\cdots\cdots\cdots\cdots\cdots\cdots\cdots\cdots\cdots \quad (39)$$

$$= (1111) \oplus (0111) = (1000) \quad\cdots\cdots\cdots\cdots\cdots\cdots \quad (40)$$

步驟 11

依照圖 2-12，在最終回合處將前 4 位元 L_2 和後 4 位元 R_2 相互交換。（圖 2-22）

$$L_2' = R_2 = (1000) \quad\cdots\cdots\cdots\cdots\cdots\cdots\cdots\cdots\cdots\cdots\cdots\cdots \quad (41)$$

$$R_2' = L_2 = (1001) \quad\cdots\cdots\cdots\cdots\cdots\cdots\cdots\cdots\cdots\cdots\cdots\cdots \quad (42)$$

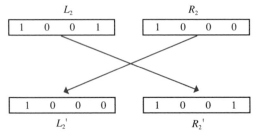

圖 2-22 〔步驟 11〕的計算流程

步驟 12

依據表 2-9 的最終排列 IP^{-1}，將圖 2-22 的 2 進位資料做成排列輸出資料（圖 2-23）。

$$L_2'' = (1100) \quad\cdots\cdots\cdots\cdots\cdots\cdots\cdots\cdots\cdots\cdots\cdots\cdots\cdots \quad (43)$$

$$R_2'' = (0010) \quad\cdots\cdots\cdots\cdots\cdots\cdots\cdots\cdots\cdots\cdots\cdots\cdots\cdots \quad (44)$$

所得的明文　　1100　0010

　　　　　　　「M」「C」

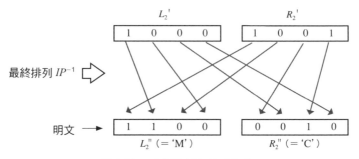

圖 2-23　〔步驟 12〕的計算流程

如此所得到的 8 位元輸出資料即相當於明文，因為式（43）和式（44）的 2 進位碼依表 2-7，分別為「M」和「C」這兩個文字，因此我們成功解讀了 DES 密文。

由以上所述，我們只要試著對照 DES 密碼的加密處理和解密處理的流程，即可推知解密處理和加密處理的流程是完全相反的，因此可實行解密處理。（圖 2-24）

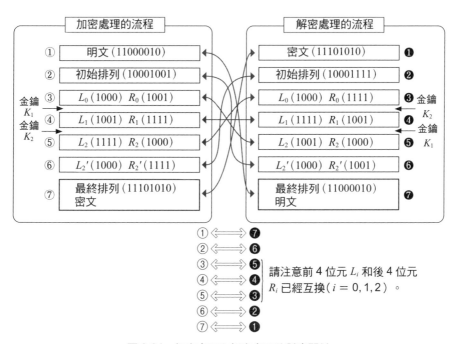

圖 2-24　加密處理和解密處理的對應關係

✖ DES 加密金鑰的生成

關於 DES 密碼的共通金鑰，接下來我將針對加密金鑰及解密金鑰的產生程序作說明。先假設 8 位元的共通金鑰（初始金鑰）K_0 為：

$$K_0 = (10011001) \quad\cdots\cdots\cdots\cdots\cdots\cdots\cdots\cdots\cdots\cdots\cdots\cdots\cdots \quad (45)$$

我先說明將圖 2-12 的第 1 回合的金鑰 K_1 和第 2 回合的金鑰 K_2 設為加密金鑰的產生程序。（圖 2-25）

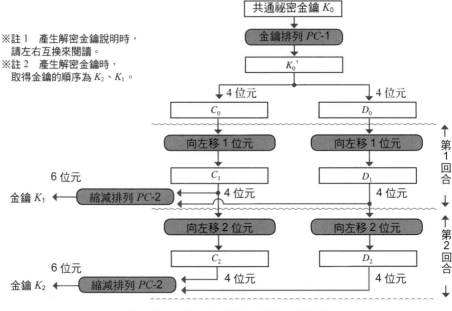

圖 2-25　加密金鑰和解密金鑰的產生程序

步驟 1

依據表 2-14 的金鑰排列 PC-1，將式（45）的共通金鑰（祕密金鑰）K_0 加以亂數化後，可得

$$K_0' = (00110101) \quad\cdots\cdots\cdots\cdots\cdots\cdots\cdots\cdots\cdots\cdots\cdots\cdots \quad (46)$$

（圖 2-26）

在此，將式（46）的金鑰 K_0' 分為前 4 位元 C_0 和後 4 位元 D_0，可表示為

$$C_0 = (0011) \quad \text{.................................} \quad (47)$$
$$D_0 = (0101) \quad \text{.................................} \quad (48)$$

表 2-14　金鑰排列 PC-1

輸入位元位置 j	前 4 位元 C_i				後 4 位元 D_i			
輸入位元位置 j	1	2	3	4	5	6	7	8
輸出位元位置 k	8	7	1	3	6	2	5	4

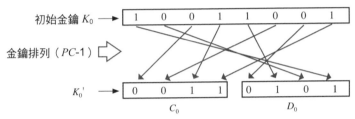

圖 2-26　金鑰排列 PC-1

步驟 2

依表 2-15 的左移位元數可知，由於第 1 回合的左移位元數為 1 位元，因此 C_0 和 D_0 分別向左移 1 位元，所得結果以 C_1 和 D_1 來表示。

$$C_1 = (0110) \quad \text{.................................} \quad (49)$$
$$D_1 = (1010) \quad \text{.................................} \quad (50)$$

表 2-15　左移的位元數

回合數	1	2
位移位元數	1	2

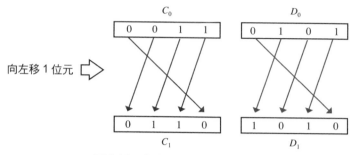

圖 2-27　左移的處理〔步驟 2〕

依據表 2-16 的縮減排列 PC-2，將 C_1 和 D_1（式（49）、式（50））由 8 位元縮減排列為 6 位元，即可得出用於加密第 1 回合的加密金鑰 K_1。（圖 2-28）

$$K_1 = (110001) \quad\cdots\cdots\cdots\cdots\cdots\cdots\cdots\cdots\cdots\cdots\cdots\cdots\cdots\cdots \quad (51)$$

表 2-16　縮減排列 PC-2

輸出位元位置 k	1	2	3	4	5	6
輸入位元位置 j	7	5	1	8	6	2

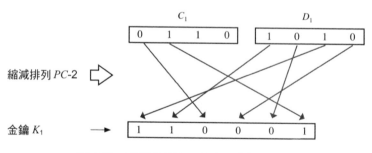

圖 2-28　以縮減排列 PC-2 處理〔步驟 3〕

以下依此類推，重覆 步驟 2 至 步驟 3 計算，即可依序取得用於加密的金鑰。

由表 2-15 的左移位元數可得知，由於第 2 回合的左移位元數爲 2 位元，因此 C_1 和 D_1 分別向左移 2 位元，其結果以 C_2 和 D_2 來表示。

$$C_2 = (1001) \quad\cdots\cdots\cdots\cdots\cdots\cdots\cdots\cdots\cdots\cdots\cdots\cdots\cdots\cdots\cdots \quad (52)$$

$$D_2 = (1010) \quad\cdots\cdots\cdots\cdots\cdots\cdots\cdots\cdots\cdots\cdots\cdots\cdots\cdots\cdots\cdots \quad (53)$$

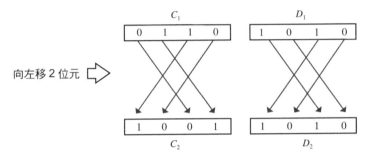

圖 2-29　左移的處理〔步驟 4〕

依據表 2-16 的縮減排列 PC-2，將 C_2 和 D_2（式（52）、式（53））由 8 位元縮減排列爲 6 位元，即可得到用於加密第 2 回合的加密金鑰 K_2。（圖 2-30）

$$K_2 = (111000) \quad\cdots\cdots\cdots\cdots\cdots\cdots\cdots\cdots\cdots\cdots\cdots\cdots\cdots \quad (54)$$

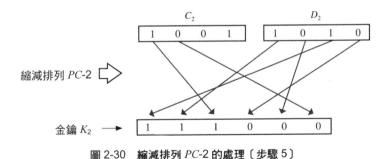

圖 2-30　縮減排列 PC-2 的處理〔步驟 5〕

✖ DES 解密金鑰的生成

　　加密金鑰以式 (45) 的共通金鑰（初始金鑰）$K_0 = (10011001)$ 爲基礎，再依金鑰 K_1、K_2 的順序逐一產生。反之，若要將密文回復爲明文則解密金鑰爲以共通金鑰 K_0 爲基礎，必須以相反的金鑰順序 K_2、K_1 逐一產生。此時，若和圖 2-25 以相同順序產生的話，則必須將在加密金鑰產生時完成的向左移處理，轉換成解密金鑰產生時的向右移處理，如此一來即可完成。以下將以圖 2-12 爲基礎，將取得解密金鑰的順序作整理。

步驟 1

　　依據表 2-14 的金鑰排列 PC-1，將式 (45) 的共通金鑰（祕密金鑰）K_0 加以亂數化。

$$K_0' = (00110101) \quad\cdots\cdots\cdots\cdots\cdots\cdots\cdots\cdots\cdots\cdots\cdots\cdots\cdots\cdots\cdots\cdots \quad (55)$$

$$C_0 = (0011) \quad\cdots\cdots\cdots\cdots\cdots\cdots\cdots\cdots\cdots\cdots\cdots\cdots\cdots\cdots\cdots\cdots\cdots\cdots \quad (56)$$

$$D_0 = (0101) \quad\cdots\cdots\cdots\cdots\cdots\cdots\cdots\cdots\cdots\cdots\cdots\cdots\cdots\cdots\cdots\cdots\cdots\cdots \quad (57)$$

步驟 2

　　依據表 2-17 的右移位元數可知，由於第 1 回合的右移位元數爲 1 位元，因此 C_0 和 D_0 分別向右移 1 位元，所得結果以 C_1 和 D_1 來表示。（圖 2-31）

$$C_1 = (1001) \quad\cdots\cdots\cdots\cdots\cdots\cdots\cdots\cdots\cdots\cdots\cdots\cdots\cdots\cdots\cdots\cdots\cdots\cdots \quad (58)$$

$$D_1 = (1010) \quad\cdots\cdots\cdots\cdots\cdots\cdots\cdots\cdots\cdots\cdots\cdots\cdots\cdots\cdots\cdots\cdots\cdots\cdots \quad (59)$$

表 2-17　右移的位元數

回合數	1	2
位移位元數	1	2

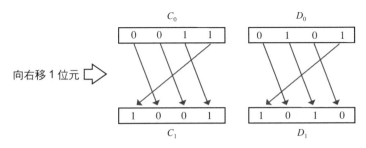

圖 2-31　右移的處理〔步驟 2〕

步驟 3

依據表 2-16 的縮減排列 PC-2，將 C_1 和 D_1（式（58）、式（59））由 8 位元縮減排列為 6 位元，即可得到用於解密第 1 回合的解密金鑰 K_2。（圖 2-32）

$$K_2 = (111000) \quad\cdots\cdots\cdots\cdots\cdots\cdots\cdots\cdots\cdots\cdots\cdots\cdots\cdots\cdots \quad(60)$$

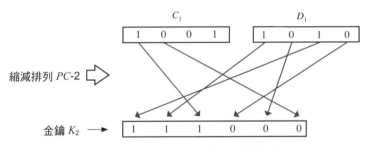

圖 2-32　縮減排列 PC-2 的處理〔步驟 3〕

步驟 4

依據表 2-17 的右移位元數可知，由於第 2 回合的右移位元數為 2 位元，因此 C_1 和 D_1 分別向右移 2 位元，所得結果以 C_2 和 D_2 來表示。（圖 2-33）

$$C_2 = (0110) \quad\cdots\cdots\cdots\cdots\cdots\cdots\cdots\cdots\cdots\cdots\cdots\cdots\cdots\cdots\cdots \quad(61)$$

$$D_2 = (1010) \quad\cdots\cdots\cdots\cdots\cdots\cdots\cdots\cdots\cdots\cdots\cdots\cdots\cdots\cdots\cdots \quad(62)$$

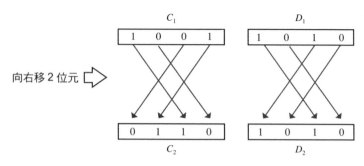

圖 2-33 右移的處理〔步驟 4〕

依據表 2-16 的縮減排列 PC-2，將 C_2 和 D_2（式（61）、式（62））由 8 位元縮減排列為 6 位元，即可得出用於解密第 2 回合的解密金鑰 K_1。（圖 2-34）

$$K_1 = (110001) \cdots\cdots\cdots\cdots\cdots\cdots\cdots\cdots\cdots\cdots\cdots\cdots\cdots\cdots\cdots \quad (63)$$

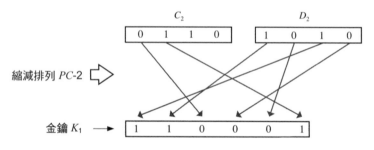

圖 2-34 縮減排列 PC-2 的處理〔步驟 5〕

由以上的結果，在對比用於解密的金鑰（式（60）、式（63））和用於加密的金鑰（式（51）、式（54））後，可知與取得加密金鑰順序（K_1、K_2 的順序）相反的順序（即 K_2、K_1 的順序）可取得解密金鑰。

第 3 章
公開金鑰加密系統

太棒了！終於買給妳了！

呀～

謝謝你，哥哥。

嘖，錢包都空了！

今後我只能吃拉麵過活了……

明明總是在吃拉麵。

*公開金鑰密碼：Public Key。

有了電腦後，可以做好多事呢……

摩擦

摩擦

發電子郵件、網路購物、玩線上遊戲……

喂、喂，妳不是說要用來讀書的嗎？

呵呵

我也常常在網路上購物喔！

用信用卡結帳非常方便呢！

Book

CD

SHOES

不會很危險嗎？例如，信用卡的資料被竊取等。

為了不被有心人士竊密，所以網站有使用公開金鑰加密系統喔！

公開金鑰在以密碼進行通訊的
狀態下會顯示出來。瀏覽器為
Explorer 時，在工具列選擇工
具 → 網際網路選項 → 內容 →
憑證 → 信任的根憑證 → 授權
→（擇一資料）→ 檢視 → 詳細
資料 → 公開金鑰即可找到左圖
般的顯示。

若瀏覽器為
Safari 或 Firef-
ox 時，則按下
鎖頭圖樣，即
可取得詳細資
料。

哇！好多 16 進位
數排列在一起。

這就是公開
金鑰嗎？！

沒錯！
如此一來就可以
安全地通訊囉！

喔！那就可
以安心使用
了！

惡

喂，你的
信用卡被她擅自
使用了呀！

111

那麼，接著我們來學習你們也許從沒注意過，

實際上大家都在網路上使用的公開金鑰吧！

我們目前學到的密碼，金鑰不是應該要保密嗎？

沒錯！沒錯！

為什麼這個金鑰讓他人知道也沒關係呢？

其實，金鑰不僅只有公開金鑰，

另外也有祕密金鑰喔！

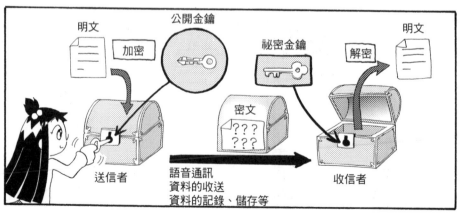

明文　　加密　　公開金鑰　　祕密金鑰　　解密　　明文

密文
？？？
？？？

送信者　　語音通訊　　收信者
資料的收送
資料的記錄、儲存等

也就是說，
剛才的購物網站，是把
客戶傳來的資料以公開
金鑰加密，

公開金鑰

祕密金鑰

商店再以祕密
金鑰來解密。

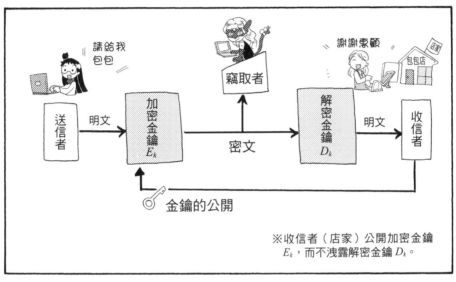

請給我
包包

窃取者

謝謝惠顧

包包店

送信者 → 明文 → 加密金鑰 E_k → 密文 → 解密金鑰 D_k → 明文 → 收信者

金鑰的公開

※收信者（店家）公開加密金鑰
E_k，而不洩露解密金鑰 D_k。

用於加密的公開
金鑰和用於解密
的金鑰不同嗎？

是的。因此又被
稱為非對稱金鑰
加密系統。

公開金鑰加密系統
（Public Key Cryptosystem）
＝
非對稱金鑰加密系統
（Asymmetric Key
Cryptosystem）

金鑰各有 2 種嗎？

那就比共通金鑰加密系統的金鑰數還多囉！

不是這樣喔！

咦？

進行通訊的當事者若各持有 1 個祕密金鑰和公開金鑰，

則所有人都可以藉由密碼來通訊了喔！

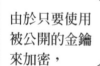

公開金鑰加密系統是即使使用者有 n 人互相進行密碼通訊，金鑰的總數也只有 $2n$ 個。

而使用者有 1000 人時，在共通金鑰加密系統的情況下，則為

$$_{1000}C_2 = \frac{1000 \times (1000 - 1)}{2}$$

可計算出必需要有金鑰 499500 個，然而在公開金鑰密碼系統則只需要 2×1000，即 2000 個金鑰。

原來如此！

由於只要使用被公開的金鑰來加密，

因此它和共通金鑰不同，金鑰即使用郵寄的也不成問題喲！

優點還真多呢！

如果不使用共通金鑰，只用公開金鑰密碼呢？

但是……公開金鑰非常長吧？！

共通金鑰的金鑰長度為 64、128、256 位元，而公開金鑰的金鑰長度則比 1024 位元還長。

事實上，公開金鑰密碼的演算較爲繁雜，

處理也較耗時！

呵——

那如果要將較長的文件加密時，怎麼辦？

這個第 4 章會提到，

不過，一般會使用以共通金鑰密碼和

世界第一簡單密碼學

公開金鑰密碼所組成的混合方式（請參見第 188 頁）。

而且，若以共通金鑰進行密碼通訊，

當事者們的通訊內容將一清二楚。

嗯——

若爲公開金鑰的話，收信者就無法確認是由誰傳送的。

僞裝

網路釣魚詐騙

竄改

所以才要有本人確認的「憑證（certification）」。

這個以後會提到！（請參見第 198 頁）

那請先教我們種類和構造吧！

公開金鑰加密方式和共通金鑰加密方式一樣有很多種喔！

✤ 公開金鑰加密方式的主要種類

公開金鑰加密方式依加密技巧的種類不同，大致上被區分爲 2 種。

加密技巧為 質因數分解問題	加密技巧為 離散對數問題
・RSA 密碼 ・Rabin 密碼	・ElGamal 密碼 ・橢圓曲線密碼 ・DSA 認證

什麼加密技巧？！
質因數分解問題？離散對數問題？
什麼跟什麼呀？
我會從基礎開始教你們密碼數學喔！
一般藉由將密碼設爲「數學上難解的問題」，以提高安全性！因爲這樣一來要解開密碼會相當耗時，很麻煩喔！
驚
爲什麼我們一定要學這麼難的數學呢？
我不要、我不要
因爲理解公開金鑰密碼系統，數學是必備知識喔！
我們先從確保公開金鑰密碼的安全性的
「單向函數」說起吧！

✤ 單向函數（one-way function）

一般將以單向可計算出答案，而反向計算則難以求出答案的性質，稱為單向性，而具有這種特徵的函數就稱為單向函數。

我們來看一些單向函數的例子。

（1）質因數分解問題

要求出兩個很大的質數相乘結果是很簡單的。反之，若要將相乘所得的數（合數*）反推回原本的 2 個質數則非常困難。

由合數求出原本的質數，稱為質因數分解。（請參見第 122 頁）

（2）離散對數（discrete logarithm）問題

試著思考以下的同餘式（modular equality）。

$$a^x = y \pmod{p}$$

欲在 a 和 x 為已知的情況下求 y 是比較容易的。然而，即使知道 a 和 y，要求 y 的對數 x 卻非常困難。這就是離散對數問題。所謂的離數（discrete），指的是連續（continuous）的反義，表示分散的值。（請參見第 175 頁）

雖然有不少困難的詞彙，
我們只要慢慢去理解就好，請別擔心。
眞的嗎？

*合數：Composite number。

可是，爲何單向性是必要的呢？

共通金鑰密碼不就是逆著加密流程才得以解密的！

公開金鑰密碼若非爲單向，則有祕密金鑰被破解的危險！

危險

喂喂

不過，若完全使用單向函數的話，不就無法解密了嗎？

解密不是只要使用祕密金鑰即可嗎？！

呼

是呀！

因爲有像這種祕密金鑰的構造。

因此又可將單向函數稱爲單向暗門函數*。

*單向暗門函數：Trapdoor One-Way Function。

119

走出會自動上鎖的門到外面時，如果沒有帶著鑰匙，就無法再回到門裡。這種構造的函數，即為單向暗門函數。

即使沒有鑰匙也能走出房間。

沒有鑰匙的話，便無法再回到房間。

若有鑰匙的話，則可再進入房間。

接下來我們就來看看公開金鑰密碼的RSA密碼的誕生及

數學是如何運用於其中的吧！

✿ RSA 密碼的誕生

RSA 密碼公開發表於 1977 年，為世界上最早的公開金鑰密碼。

RSA 這個名稱是以開發它的三位美國研究專家：Rivest、Shamir 及 Adleman 等人名字的字首組成的。

而確保密碼強度的是質因數分解問題。當年，科學雜誌中刊登了 3 人所提出的問題。此問題即為「請將某數進行質因數分解後，再進一步解讀訊息」。

而該數即為下列的 129 位數的自然數。

114381625757888867669235779976146612010218296721242
36256256184293570693524573389783059712356395870505
98907514759929002687954354

此 129 位數的質因數分解在 17 年後的 1994 年時，經人利用 1600 台電腦計算後，才解讀了問題中的訊息。一般而言，17 年已算是非常長的時間，然而 RSA 密碼開發者之一的 Rivest 在出題當時，曾預測解開訊息需耗費 1000 年的時間，因此 17 年對出題者而言，似乎是出乎意料地短。順帶一提，當年所解讀出的訊息為「THE MAGIC WORDS ARE SQUEAMISH OSSIFRAGE」。

現在的 RSA 密碼中所採用的數字是 10 進位的 300 位數以上的數字。若要將此進行質因數分解，需耗費天文數字般龐大的時間。

3-2 質數和質因數分解

來，先發資料喔！

數學、數學

這也是為了理解 RSA 密碼喔！

真是太有趣了♡

有趣的質數♡

有趣的質數？

完全不有趣。

我在學分數的除法時就放棄數學了啦！

發脾氣

在 RSA 密碼的數學中只處理非負整數。

雖然無理數和分數都不會出現，還是請你們記住喔！

有理數	整數	自然數
包含整數和分數的數。	包含自然數、0 和負的整數的數。	1 以上的整數（0, 1, 2, 3, ……）。

非負整數

不為負的整數。
（0, 1, 2, 3, ……）

分數

以2個整數的比來表示，而若以小數表示，則會形成有限小數或循環小數的數。

$$\left(-\frac{3}{2} = -1.5,\right.$$
$$\frac{1}{7} = 0.142857142857142857142857\cdots$$
$$= 0.\dot{1}4285\dot{7}\right)$$

無理數

無法表示2個整數的比，而若以小數表示，則會形成不循環的無限小數的數。（$\sqrt{2}, \pi, e$ 等）

咦，真的嗎？

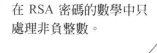

我要出問題囉！

現在有30顆橘子。

在不剩餘的前提下，平分給小孩子的方法是？

簡單！

表 3-1　人數和個數的關係

人數	1 人所得的個數
1 人	30 個
2 人	15 個
3 人	10 個
5 人	6 個
6 人	5 個
10 人	3 個
15 人	2 個
30 人	1 個

正是如此！

像這樣可不剩餘地分配的人數及個數

稱爲「約數」或「因數」。

30 的約數（因數）為 {1、2、3、5、6、10、15、30} 8 個。

接下來，若某自然數只有兩個約數（1 和自己），則爲「質數*」。

1 不是質數嗎？

數學上規定1不包含在質數內喔！

真對不起—

來看看20以下的質數有什麼吧！

*質數：Prime number。

表 3-2　20 以下的質數判定

2	只能被自己（2）和 1 整除。	質數
3	只能被自己（3）和 1 整除。	質數
4	可被 2 整除。	非質數
5	只能被自己（5）和 1 整除。	質數
6	可被 2、3 整除。	非質數
7	只能被自己（7）和 1 整除。	質數
8	可被 2、4 整除。	非質數
9	可被 3 整除。	非質數
10	可被 2、5 整除。	非質數
11	只能被自己（11）和 1 整除。	質數
12	可被 2、3、4、6 整除。	非質數
13	只能被自己（13）和 1 整除。	質數
14	可被 2、7 整除。	非質數
15	可被 3、5 整除。	非質數
16	可被 2、4、8 整除。	非質數
17	只能被自己（17）和 1 整除。	質數
18	可被 2、3、6、9 整除。	非質數
19	只能被自己（19）和 1 整除。	質數
20	可被 2、4、5、10 整除。	非質數

非質數的數稱爲合數，可表示爲質數（相乘）的乘積喔！

2
//
3

這就稱爲質因數分解。

$$4 = 2^2 = 2 \times 2$$
$$6 = 2 \times 3$$
$$8 = 2^3 = 2 \times 2 \times 2$$
$$9 = 3^2 = 3 \times 3$$
$$10 = 2 \times 5$$
$$12 = 2^2 \times 3 = 2 \times 2 \times 3$$
$$14 = 2 \times 7$$
$$15 = 3 \times 5$$
$$16 = 2^4 = 2 \times 2 \times 2 \times 2$$
$$18 = 2 \times 3^2 = 2 \times 3 \times 3$$
$$20 = 2^2 \times 5 = 2 \times 2 \times 5$$

將每個合數進行質因數分解的方法只有一個，那就稱爲質因數分解的唯一性。

不將 1 歸類爲質數，就是爲了維持質因數分解的唯一性喔！

質數非得像這樣逐一檢查嗎？

別擔心，有種名叫「埃拉托斯特尼篩法*」的方法。

它是利用以下的特性！

若自然數 N 無法被小於 $\sqrt{N}$ 的所有質數整除，則自然數 N 為質數。

爲什麼會這樣呢？

*埃拉托斯特尼篩法：Sieve of Eratosthenes。

我們來思考一下 $N = pq$。

$$N = pq$$

$p \leqq \sqrt{N}$
$q \leqq \sqrt{N}$

若將代表 2 個自然數 pq 的乘積以 N 表示，則 p 或 q 至少有一個必須小於 $\sqrt{N}$ 喔！

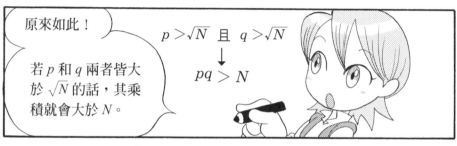

原來如此！

若 p 和 q 兩者皆大於 $\sqrt{N}$ 的話，其乘積就會大於 N。

$p > \sqrt{N}$ 且 $q > \sqrt{N}$
$\downarrow$
$pq > N$

話說回來，埃拉……什麼的究竟是誰？

我是古希臘的學者。

最先算出地球大小的就是我喔！

埃拉托斯特尼

這是判定某數是否爲質數的有效方法喔!

請看講義。

這張表格列有 1 至 400 所有的數字。

1	2	3	4	5	6	7	8	9	10	11	12	13	14	15	16	17	18	19	20
21	22	23	24	25	26	27	28	29	30	31	32	33	34	35	36	37	38	39	40
41	42	43	44	45	46	47	48	49	50	51	52	53	54	55	56	57	58	59	60
61	62	63	64	65	66	67	68	69	70	71	72	73	74	75	76	77	78	79	80
81	82	83	84	85	86	87	88	89	90	91	92	93	94	95	96	97	98	99	100
101	102	103	104	105	106	107	108	109	110	111	112	113	114	115	116	117	118	119	120
121	122	123	124	125	126	127	128	129	130	131	132	133	134	135	136	137	138	139	140
141	142	143	144	145	146	147	148	149	150	151	152	153	154	155	156	157	158	159	160
161	162	163	164	165	166	167	168	169	170	171	172	173	174	175	176	177	178	179	180
181	182	183	184	185	186	187	188	189	190	191	192	193	194	195	196	197	198	199	200
201	202	203	204	205	206	207	208	209	210	211	212	213	214	215	216	217	218	219	220
221	222	223	224	225	226	227	228	229	230	231	232	233	234	235	236	237	238	239	240
241	242	243	244	245	246	247	248	249	250	251	252	253	254	255	256	257	258	259	260
261	262	263	264	265	266	267	268	269	270	271	272	273	274	275	276	277	278	279	280
281	282	283	284	285	286	287	288	289	290	291	292	293	294	295	296	297	298	299	300
301	302	303	304	305	306	307	308	309	310	311	312	313	314	315	316	317	318	319	320
321	322	323	324	325	326	327	328	329	330	331	332	333	334	335	336	337	338	339	340
341	342	343	344	345	346	347	348	349	350	351	352	353	354	355	356	357	358	359	360
361	362	363	364	365	366	367	368	369	370	371	372	373	374	375	376	377	378	379	380
381	382	383	384	385	386	387	388	389	390	391	392	393	394	395	396	397	398	399	400

由於 $\sqrt{400} = 20$,而 20 以下的質數爲 {2、3、5、7、11、13、17、19} 因此無法被上述質數整除的數,就是 400 以下的質數。

由於 2 是質數先暫且留著,

請先將 2 的倍數都塗掉吧!!

	2	3	4	5	6	7	8	9	10	11	12	13	14	15	16	17	18	19	20
21	22	23	24	25	26	27	28	29	30	31	32	33	34	35	36	37	38	39	40
41	42	43	44	45	46	47	48	49	50	51	52	53	54	55	56	57	58	59	60
61	62	63	64	65	66	67	68	69	70	71	72	73	74	75	76	77	78	79	80
81	82	83	84	85	86	87	88	89	90	91	92	93	94	95	96	97	98	99	100
101	102	103	104	105	106	107	108	109	110	111	112	113	114	115	116	117	118	119	120
121	122	123	124	125	126	127	128	129	130	131	132	133	134	135	136	137	138	139	140
141	142	143	144	145	146	147	148	149	150	151	152	153	154	155	156	157	158	159	160
161	162	163	164	165	166	167	168	169	170	171	172	173	174	175	176	177	178	179	180
181	182	183	184	185	186	187	188	189	190	191	192	193	194	195	196	197	198	199	200
201	202	203	204	205	206	207	208	209	210	211	212	213	214	215	216	217	218	219	220
221	222	223	224	225	226	227	228	229	230	231	232	233	234	235	236	237	238	239	240
241	242	243	244	245	246	247	248	249	250	251	252	253	254	255	256	257	258	259	260
261	262	263	264	265	266	267	268	269	270	271	272	273	274	275	276	277	278	279	280
281	282	283	284	285	286	287	288	289	290	291	292	293	294	295	296	297	298	299	300
301	302	303	304	305	306	307	308	309	310	311	312	313	314	315	316	317	318	319	320
321	322	323	324	325	326	327	328	329	330	331	332	333	334	335	336	337	338	339	340
341	342	343	344	345	346	347	348	349	350	351	352	353	354	355	356	357	358	359	360
361	362	363	364	365	366	367	368	369	370	371	372	373	374	375	376	377	378	379	380
381	382	383	384	385	386	387	388	389	390	391	392	393	394	395	396	397	398	399	400

	2	3	5	7	9	11	13	15	17	19
21		23	25	27	29	31	33	35	37	39
41		43	45	47	49	51	53	55	57	59
61		63	65	67	69	71	73	75	77	79
81		83	85	87	89	91	93	95	97	99
101		103	105	107	109	111	113	115	117	119
121		123	125	127	129	131	133	135	137	139
141		143	145	147	149	151	153	155	157	159
161		163	165	167	169	171	173	175	177	179
181		183	185	187	189	191	193	195	197	199
201		203	205	207	209	211	213	215	217	219
221		223	225	227	229	231	233	235	237	239
241		243	245	247	249	251	253	255	257	259
261		263	265	267	269	271	273	275	277	279
281		283	285	287	289	291	293	295	297	299
301		303	305	307	309	311	313	315	317	319
321		323	325	327	329	331	333	335	337	339
341		343	345	347	349	351	353	355	357	359
361		363	365	367	369	371	373	375	377	379
381		383	385	387	389	391	393	395	397	399

完成了！

	2	3	5	7		11	13	17	19
		23			29	31		37	
41		43		47			53		59
61				67		71	73		79
		83			89			97	
101		103		107	109		113		
				127		131		137	139
					149	151		157	
		163		167			173		179
181						191	193	197	199
						211			
		223		227	229		233		239
241						251		257	
		263			269	271		277	
281		283					293		
				307		311	313	317	
						331		337	
				347	349		353		359
				367			373		379
		383			389			397	

你看！你們已經找出所有 400 以下的質數囉！

很簡單對吧？

質數

用電腦來做也許很輕鬆，

而且如果要找出大數的質數一定很難！

用於RSA密碼的質數都有極多位數，是嗎？

所以現在有個方法確實是可以用來判定

某個看似質數的大數是否爲質數的方法。

❋ **質數判定**

　　埃拉托斯特尼篩法是確實能找出質數的方法。然而，判定某大數是否爲質數時，總會耗上相當長的處理時間。

　　因此，目前使用的是一種雖不能100%，卻能以極高的準確率判定是否爲質數的方法。

　　使用費馬檢驗[1]，可以以相當高的準確率判定：當某整數 a 與欲判定是否爲質數的某數 n 符合 $a^{n-1} = 1 \pmod{n}$ 時，則 n 爲質數。（請參見第156頁）但這個方法也有極微的可能性會將非質數的數（合數）判定爲質數。

　　因此，才有了將費馬檢驗加以改良後的米勒・拉賓檢驗[2]。每次檢驗發生誤判的機率爲費馬檢驗的 4 分之 1，幾乎可準確地判定質數。

可能被判定爲質數的數，稱爲假質數[3]喔！

---

*1 費馬檢驗：Fermat Testing。

*2 米勒・拉賓檢驗：Miller-rabin primality test。

*3 假質數：Pseudo primes。

接下來，我們來體驗一下質因數分解較困難的部分。

里緒，請將 35 做質因數分解。

簡單！

是 5×7！

答對了！

那麼 77 的質因數分解呢？

就是 7×11。

又答對了！

這次換哥哥囉！

請將 1001 做質因數分解！

不然，
9991 的質因數
分解！

嗚嗚
……？？

問我的問題不會
太難了嗎？

掉落

1001 是 7×11×13 吧？

答對了！

喔？！

讓你們久
等了，拉
麵來囉！

兔子食堂

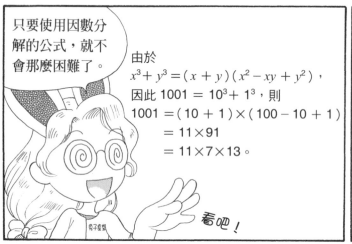

只要使用因數分解的公式，就不會那麼困難了。

由於
$$x^3 + y^3 = (x + y)(x^2 - xy + y^2)，$$
因此 $1001 = 10^3 + 1^3$，則
$$\begin{aligned}1001 &= (10 + 1) \times (100 - 10 + 1)\\ &= 11 \times 91\\ &= 11 \times 7 \times 13。\end{aligned}$$

看吧！

喔，原來如此！

你真的懂嗎？

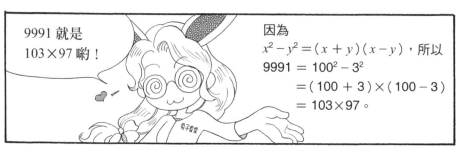

9991 就是 103×97 啲！

因為
$$x^2 - y^2 = (x + y)(x - y)，所以$$
$$\begin{aligned}9991 &= 100^2 - 3^2\\ &= (100 + 3) \times (100 - 3)\\ &= 103 \times 97。\end{aligned}$$

YA！！

看到了吧！

又不是你解開的

還蠻厲害的啲！

那麼 10001 怎麼解呢？

1001

嗚？？？

沒問題吧？

質因數分解中，只有一部分可以用公式來解開！

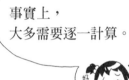

答案是

73×137

10001 的可能因數在 $\sqrt{10001}$ 以下的質數
{2，3，5，7，11，13，17，19，23，29，31，37，41，43，47，53，59，61，67，71，73，79，83，89，97} 之中，
逐一尋找可能的因數。
最後可得知 10001 = 73×137。

事實上，大多需要逐一計算。

好麻煩

原來如此！

我們好像能成為好朋友喔！

謝謝惠顧

135

今天來想想整數除法的餘數吧！

若無法習慣模數運算，就無法理解 RSA 密碼喔！

有需要那麼複雜的計算嗎？

國小學程度的有餘數的除法範例

$$15 \div 7 = 2 \text{ 餘 } 1$$

嘶 嘶

以同餘式來表示的話，就會變成這樣。

$$15 = 1 \ (mod\ 7)$$

表示以 7 除 15 時的餘數。

mod 是什麼呀？

*模數運算：Modulo operation or Modulo arithmetic。

mod 是 modulo 的略稱，意爲「模數」。

$$15 = 1 \,(\text{mod } 7)$$

這是指在模數 7 之下，15 和 1 具有相同的意思！

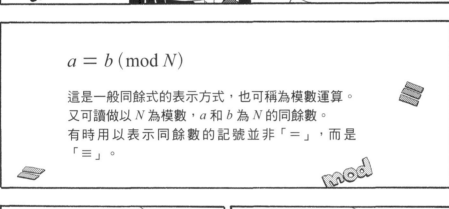

$$a = b \,(\text{mod } N)$$

這是一般同餘式的表示方式，也可稱爲模數運算。
又可讀做以 N 爲模數，a 和 b 爲 N 的同餘數。
有時用以表示同餘數的記號並非「＝」，而是「≡」。

整數的計算，明明很簡單呀！

爲何要使用如此麻煩的同餘式呢？

因爲它正好具有好幾項適用於密碼的優點呀！

唉！什麼？什麼？

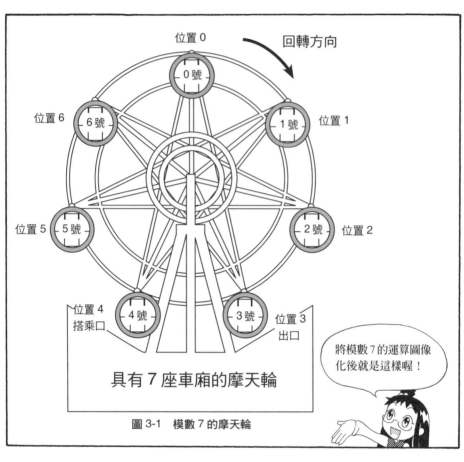

圖 3-1 模數 7 的摩天輪

那是優點之一!

剩餘(餘數)勢必小於除數 N(模數 N,mod N),

因此產生的值可限制在一定範圍內。

問題是以7除的餘數,所以只會出現0到6的數字呢!

✤ 模數運算的加法和減法

請試著使用圖 3-1 的摩天輪做為模數運算的模型。7 座車廂分別以 0 號到 6 號命名。並且，將車廂最頂端的位置設為 0，再依順時針方向以等角度的間隔分別設置 1～6 的位置號碼。最後再將位置 3 設為出口，而位置 4 設為搭乘口。

最一開始的狀態為 0 號車廂位於位置 0，1 號車廂位於位置 1，所有的車廂號碼都和位置號碼一致。然後，在加法運算時，車廂會以順時針方向轉動。

首先，請注意 0 號車廂。

轉動 1/7 圈時，0 號車廂會由位置 0 移動至位置 1。我們將此定義為＋1（加上 1）。

若轉動 2/7 圈，0 號車廂會由位置 0 移動至位置 2。此即為＋2（加上 2）。

若轉動 7/7 圈，也就是 1 圈時，0 號車廂會由位置 0 再度回到位置 0。此即為＋7。而＋7 即為 0，也就等同於沒有移動。

只要使用此摩天輪模型，即可說明加法表的一切。

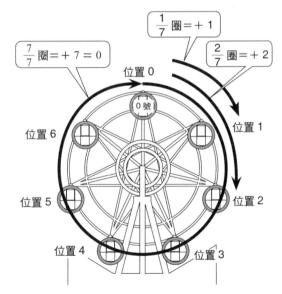

圖 3-2 　模數運算的加法模型（1）

請試著思考 5＋6。

請把 5＋6 的 5 的最初狀態想成是 5 號車廂。因此當 5 號車廂轉動 6/7 圈後，會到達什麼位置呢？

我們得知以順時針方向移動 6 個位置後，如圖 3-3 所示，5 號車廂會到達位置 4。也就是如下所示。

$$5＋6＝4\,(\mathrm{mod}\,7)$$

若最初狀態的車廂號碼（車廂的位置號碼）為 a，而轉動 $b/7$ 圈後，到達的位置即為加法的答案。用這個方法，我們可以確認加法的所有組合將如表 3-3 所示。

接下來，我們也以摩天輪來說明減法的情況。

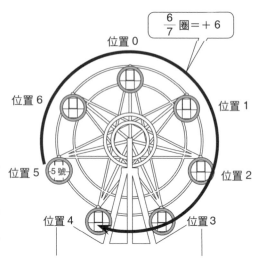

圖 3-3　模數運算的加法模型（2）

表 3-3　模數 7 的 $a＋b$

a \ b	0	1	2	3	4	5	6
0	0	1	2	3	4	5	6
1	1	2	3	4	5	6	0
2	2	3	4	5	6	0	1
3	3	4	5	6	0	1	2
4	4	5	6	0	1	2	3
5	5	6	0	1	2	3	4
6	6	0	1	2	3	4	5

首先，請注意 0 號車廂。

若以逆時針方向轉動 1/7 圈，則 0 號車廂會由位置 0 移動到位置 6。我們將此定義為 −1（減少 1）。

若以逆時針方向轉動 2/7 圈，則 0 號車廂會由位置 0 移動到位置 5。此即為 −2（減少 2）。

若以逆時針方向轉動 1 圈時，0 號車廂會由位置 0 再度回到位置 0。此即為 −7。而 −7 即為 0，也就等同於沒有移動。

若使用此摩天輪模型，即可說明減法的一切。

請試著思考 3 − 4（由 3 減掉 4）。

請把 3 − 4 中的 3 的最初狀態想成是 3 號車廂。因此當 3 號車廂以逆時針方向轉動 4/7 圈後，會到達什麼位置呢？

可知以逆時針方向移動 4 個位置後，車廂會到達位置 6。即，如下所示。

$$3 - 4 = 6 \,(\mathrm{mod}\ 7)$$

設最初狀態的車廂號碼（車廂的位置號碼）為 a，而以逆時針轉動 $b/7$ 圈後，到達的位置即為減法的答案。

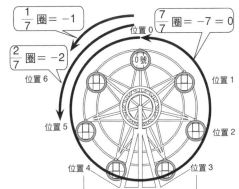

圖 3-4　模數運算的減法模型（1）

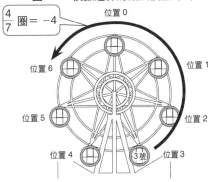

圖 3-5　模數運算的減法模型（2）

表 3-4　模數 7 的 $a - b$

$a \backslash b$	0	1	2	3	4	5	6
0	0	6	5	4	3	2	1
1	1	0	6	5	4	3	2
2	2	1	0	6	5	4	3
3	3	2	1	0	6	5	4
4	4	3	2	1	0	6	5
5	5	4	3	2	1	0	6
6	6	5	4	3	2	1	0

用這個方法，我們可以確認所有的減法組成將如表 3-4。

模數運算的加法和
減法很簡單吧？

謝謝招待♥

簡單！簡單！

這麼簡單
連我都會。

時間的計算以及星
期的查詢，也是屬
於模數計算的一種
喔！

CALENDER

下次我也要來試
試模數運算的加
法和減法！！

來吧！

那
5×4 的計算是
這樣嗎？

由於
5×4 = 7×2 + 6，
因此 5×4 = 6 (mod 7)

就是這樣！

GOOD！

模數 7 的乘法
表就像這樣！

總覺得表中的數字有些零散。

表 3-5　模數 7 的 $a \times b$

$a \backslash b$	0	1	2	3	4	5	6
0	0	0	0	0	0	0	0
1	0	1	2	3	4	5	6
2	0	2	4	6	1	3	5
3	0	3	6	2	5	1	4
4	0	4	1	5	2	6	3
5	0	5	3	1	6	4	2
6	0	6	5	4	3	2	1

但是你看！只要 a 或 b 不是 0，那麼無論哪一行　都一定有 1 到 6 的數字！

妳注意到重點了呢！

不過，模數 8 的乘法會變成這樣呢。

表 3-6　模數 8 的 $a \times b$

$a \backslash b$	0	1	2	3	4	5	6	7
0	0	0	0	0	0	0	0	0
1	0	1	2	3	4	5	6	7
2	0	2	4	6	0	2	4	6
3	0	3	6	1	4	7	2	5
4	0	4	0	4	0	4	0	4
5	0	5	2	7	4	1	6	3
6	0	6	4	2	0	6	4	2
7	0	7	6	5	4	3	2	1

但是 2、4、6 行卻沒有。

怎麼會有 0 呢？

a 或 b 不為 0 時，1、3、5 和 7 行中，各有 1 到 7 的數字…

換句話說，若 $a \times b = 0$，則 $a = 0$ 或 $b = 0$ 的計算法則就無法成立。

兩個相乘的數中明明沒有 0，結果卻有 0，真是傷腦筋！

這個嘛…模數 8 這個數字和 a 或 b 若非「互質*」，就會產生這種情況喔！

為何會變成這樣呢？

我倒是常常使用溫泉粉…

（譯註：在日文中，互質的「質」與溫泉粉的「粉」同音。）

*互質：Relatively prime。

所謂的互質是指兩個數之間不具有1以外的公因數喲！

例如，由於8和2具備1以外的公因數2，因此並非<u>互質</u>。另外，模數8的乘法表中的4和6及8有公因數2，因此並非<u>互質</u>。

另一方面，1、3、5、7這4個數字，與8即為互質。因為若為互質時，兩數之間的最大公因數為1。

由上可知，所有的質數除了該質數的倍數外，和其他的整數也會成互質，我們可以利用此性質，再藉由埃拉托斯特尼篩法找出質數。

你是說當模數的數是質數比較好嗎？

那麼　比如說

$3 \div 5$ 要怎麼算呢？

是的！

若為7之類的質數，也可以做除法運算喔！

只要將除法變乘法就可以了喲！

$$a \div b = a \times \frac{1}{b}$$

a 除以 b 和 a 乘以 b 的倒數*相同。

喔！原來如此！

…不過，要如何得知倒數呢？

唔？

$$3 \times \frac{1}{3} = 1$$

例如，3 的倒數就是 3 分之 1，相乘之後為 1 的數即為倒數呀？

我們再來看一次模數 7 的乘法表，然後把出現 1 的部分挑出來。

表 3-7　模數 7 的 $a \times b$

$a \backslash b$	0	1	2	3	4	5	6
0	0	0	0	0	0	0	0
1	0	1	2	3	4	5	6
2	0	2	4	6	1	3	5
3	0	3	6	2	5	1	4
4	0	4	1	5	2	6	3
5	0	5	3	1	6	4	2
6	0	6	5	4	3	2	1

從表 3-7 來看，1 的倒數為 1，2 的倒數為 4，3 的倒數為 5，4 的倒數為 2，5 的倒數為 3，6 的倒數為 6。

*倒數：Reciprocals。

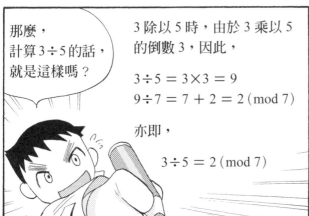

那麼，
計算 3÷5 的話，
就是這樣嗎？

3 除以 5 時，由於 3 乘以 5 的倒數 3，因此，

$$3 \div 5 = 3 \times 3 = 9$$
$$9 \div 7 = 7 + 2 = 2 \,(\text{mod } 7)$$

亦即，

$$3 \div 5 = 2 \,(\text{mod } 7)$$

做得很好喔！

值得誇獎

那麼，我們也將除法製成表吧！

表 3-8　模數 7 的 $a \div b$

$a \backslash b$	0	1	2	3	4	5	6
0	—	0	0	0	0	0	0
1	—	1	4	5	2	3	6
2	—	2	1	3	4	6	5
3	—	3	5	1	6	2	4
4	—	4	2	6	1	5	3
5	—	5	6	4	3	1	2
6	—	6	3	2	5	4	1

乘法和除法都可以用摩天輪模型來說明喔！

❀ 模數運算的乘法和除法

乘法也可以用具備 7 座車廂的摩天輪模型來說明。

將最初狀態設為 0 號車廂位於位置 0，1 號車廂位於位置 1 等，所有的車廂號碼都和位置號碼一致。

乘法時，只要把它想成車廂的轉動速度即可。

車廂一分鐘轉動 1/7 圈時（也就是 7 分鐘轉 1 圈時），那麼 0 號車廂在 3 分鐘後會停在什麼位置，可表示如下。

1（速度）× 3（分鐘）＝ 3（轉動後的位置）

若車廂 1 分鐘轉動 5/7 圈時，則 6 分鐘後的位置表示如下。

由於 5 × 6 ＝ 30,
30 ＝ 7 × 4 ＋ 2（30÷7 ＝ 4 餘 2），
因此 5 × 6 ＝ 2（mod 7）。

也就是說，若將 30 除以 7 後，車廂會轉 4 圈餘 2。雖然車廂轉了 4 圈，但在 mod 的世界裡和轉 0 圈是相同的（因為每轉一圈即回到原來位置），因此只要把焦點放在餘 2 即可。

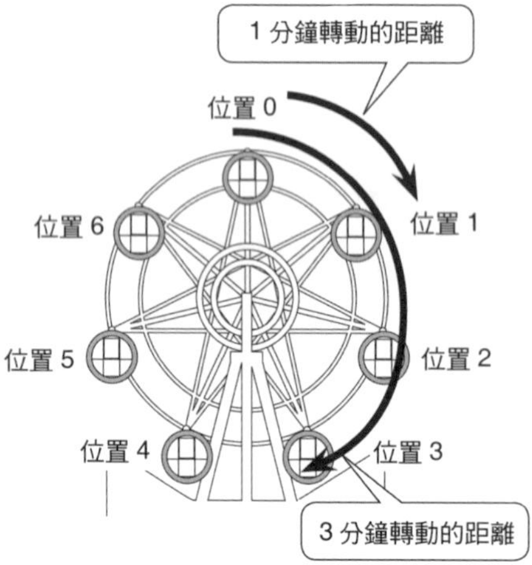

圖 3-6　1 分鐘轉動 $\frac{1}{7}$ 圈的情況（1）

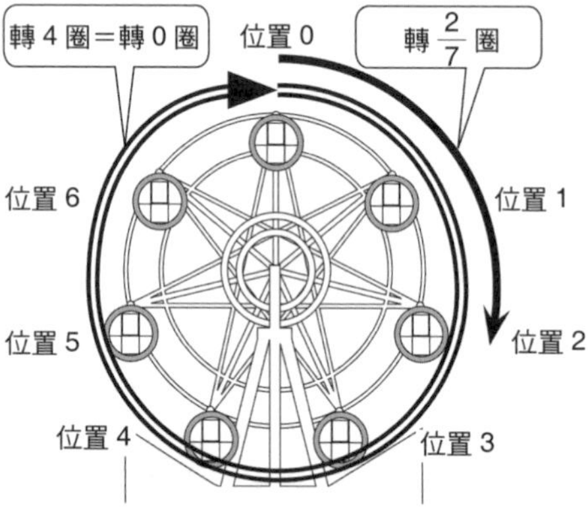

圖 3-7　1 分鐘轉動 $\frac{5}{7}$ 圈的情況下，6 分鐘後的位置

然而除法的話，情況剛好和乘法相反。請由轉動後的位置和轉動的速度，推算車廂轉動的時間。

設車廂在 1 分鐘轉動 1/7 圈時，0 號車廂會由位置 0 開始轉動，最後到達位置 5。請求出車廂轉動了幾分鐘。

5（最終位置）÷1（速度）= 5（分鐘）

也就是說，我們得知車廂轉動了 5 分鐘。另外，12 分鐘、19 分鐘…，一般而言 $(5 + 7n)$ 都會到達相同位置，然而 mod 7 的世界中，時間只有 0 到 6 分鐘，因此無法看出是經過 12 分鐘或 19 分鐘，因此無論何者均與 5 分鐘相同。

假設車廂 1 分鐘轉動 2/7 圈時，（也就是 7 分鐘轉動 2 圈），0 號車廂由位置 0 開始轉動，最後到達位置 5。則車廂轉動了幾分鐘，可由除法表中得到以下的答案。

5（最終位置）÷ 2（速度）= 6（分鐘）

答案是轉動了 6 分鐘，但這該如何解釋比較好呢？

請如此思考：雖然最終位置為 5，但多轉了 1 圈。也就是實際上最終位置為 $2 \times 6 = 12$，但由於為 mod 7（每 7 節車廂即為一圈），所以表示為 5。

因此，由於 $12 \div 2 = 6$，可知「車廂轉動了 6 分鐘」這個答案是正確的。

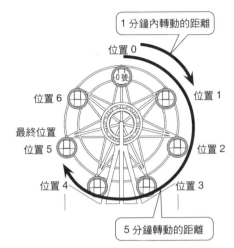

圖 3-8　1 分鐘轉動 $\frac{1}{7}$ 圈的情況（2）

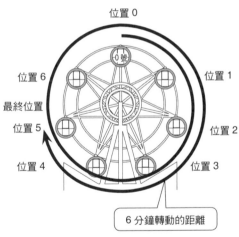

圖 3-9　1 分鐘轉動 $\frac{2}{7}$ 圈的情況

那麼，
現在你們應該已經理解將質數以模數來運算時，是可以執行四則運算*的吧？

四則運算指的是加法、減法、乘法及除法等四種運算方式。

這很了不起嗎？

由於可以自由地運算，因此為非常適用於加密及解密的數學喔！！

無敵！

太棒了♡

若不是用整數的運算就不行嗎？

非負整數的話是無法作除法運算的喔！

例如，3÷8 的答案為分數（小數），則無法以整數表示。

另一方面，質數 p 的模數運算中，若交換律*1、結合律*2 及分配律*3 會成立，則運算結果勢必為{0、1、……、$p-1$}之中的任一。

嗯咻

$$a + b = b + a$$
$$ab = ba \text{ 為交換律，}$$
$$(a + b) + c = a + (b + c)$$
$$(ab)c = a(bc) \text{ 為結合律，}$$
$$a(b + c) = ab + ac \text{ 為分配律喔！}$$

如此的數學體系稱為「數域*4」喔！

鯛魚

代表性的「數域」就是有理數。而具有有理數要素的數字有無限多個。另外，質數 p 的模數運算的要素為0、1、……、$p-1$，因為 p 個是有限，因此稱為「有限域*5」。

*1 交換律：Commutative law。
*2 結合律：Associative law。
*3 分配律：Distributive law。

*4 數域：Field。（譯註：日文的「數域」和「鯛魚」同音。）
*5 有限域：Finite field。

太好了。那麼模數運算的基礎已經講完了嗎？

最後還有一點！

還有啊…

加油！

累乘的情況也記錄於表中喔！

表 3-9　模數 7 的 a^b（a 的 b 次方）

a \ b	1	2	3	4	5	6
1	1	1	1	1	1	1
2	2	4	1	2	4	1
3	3	2	6	4	5	1
4	4	2	1	4	2	1
5	5	4	6	2	3	1
6	6	1	6	1	6	1

表 3-9 中的每個數都連乘 6 次後除以 7，結果餘數均為 1。

$$1^6 = \quad 1 = \quad\quad 0 \times 7 + 1$$
$$2^6 = \quad 64 = \quad\quad 9 \times 7 + 1$$
$$3^6 = \quad 729 = \quad\; 104 \times 7 + 1$$
$$4^6 = \; 4096 = \quad 585 \times 7 + 1$$
$$5^6 = 15625 = 2232 \times 7 + 1$$
$$6^6 = 46656 = 6665 \times 7 + 1$$

模數運算後所得的數字非常零散呢！

沒錯！

模數運算還可用於產生假亂數*1喔！（請參見第225頁）。

眞不可思議。

此表中的任一數字連乘6次後，得到的餘數答案都是1呢！

就是這樣！

興奮

這和接下來要學習的費馬小定理*2大有關聯喔！！

費……費馬？

嗚…

*1 假亂數：Pseudo-random number。

*2 費馬小定理：Fermat's little theorem。

153

我有懼高症……

現在要來介紹

非常好用的費馬小定理喔！

費馬小定理[1]也可用於判定質數喔！（請參見第 131 頁）

而且它也是學習歐拉定理[2]，必備的基礎啦！

費馬小定理

n 為質數時，和 n 互質的整數 a（非為 n 之倍數的整數 a），會使下列算式成立。

$$a^{n-1} = 1 \pmod{n}$$

換句話說，a 的 $n-1$ 次方除以 n 會餘 1。

模數 7 的情況下，將 1 到 6 都連乘 6 次後會得 1，所指的就是這個法則，對吧？

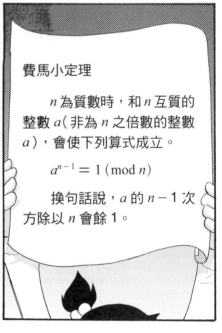

表 3-10　模數 7 的 a^b（a 的 b 次方）

a＼b	1	2	3	4	5	6
1	1	1	1	1	1	1
2	2	4	1	2	4	1
3	3	2	6	4	5	1
4	4	2	1	4	2	1
5	5	4	6	2	3	1
6	6	1	6	1	6	1

*1 費馬小定理：Fermat's theorem。

*2 歐拉定理：Euler theorem。

費馬到底是何方
神聖呀？

✖ 數論之父──費馬

皮耶魯・德・費馬（Fermat, Pierre de）（1601 年生～1665 年歿）爲 17
世紀具代表性的法律家及數學家。以模數運算爲首，他在數論的領域中，
留下許多成就。

而且不僅只有費馬小定理，還有費馬大定理[1]。

費馬大定理指的是「3 以上的自然數 n 之中，不存在可以滿足
$x^n + y^n = z^n$ 的自然數 (x, y, z) 的組合」，但費馬卻未留下證明。

這看來簡單的內容，有著中學生也能解答的單純形式。如大家所知的
畢式定理[2]，「設直角三角形的三邊長爲 a、b、c，則 $a^2 + b^2 = c^2$ 會成立
（例如，三邊長分別爲 3、4、5 公尺時）」。而費馬的定理則爲將
$a^2 + b^2 = c^2$ 之中的 2 置換爲 3 以上數字後的數式。

另外，大定理的證明在費馬逝世 330 年後，才於 1995 年被英國的安德
魯・懷爾斯（Andrew Wiles，1953 生～）
所證明。

本想在此寫下費馬
大定理的證明，但
空白處不夠多！

嘿
嘿

據說他的筆記本裡
是這麼寫的。

---

*1 費馬大定理：Fermat's last theorem，又稱爲費馬最後定理。
*2 畢氏定理：Pythagorean theorem。

我們來將費馬小定理
用於質數的判定吧！
（請參考第 131 頁）

取得費馬小定理的對偶*1。如此
一來，和 n 互質的數 a 若滿足

$$a^{n-1} \neq 1 \pmod{n},$$

則可說 n 並非為質數。

對偶是什
麼呀？

所 3 餐及午休

對於命題*2「若 A 則 B」，
其對偶就是
「若非 B 則非 A」喔！

若 A 則 B

若非 B 則非 A

正確命題的對偶經常
都是正確的喔！

原來如此……
這又不是漫畫。

啾

有趣的 ♡
質數

搖晃
搖晃

命題
若「所有的漫畫都是有
趣的」為真，則可說

對偶
「不有趣的都不是漫
畫」也為真。

利用這個來判定
質數的方法，

就稱為費馬
檢驗喲！

咬吗

我不行了…

*1 對偶：Dual。　　*2 命題：Proposition。

❀ 費馬檢驗和假質數[*1]

以費馬檢驗來判定質數時，需注意的是，

$$a^{n-1} \equiv 1 \,(\mathrm{mod}\; n)$$

成立時，雖然 n 爲質數是必要條件[*2]，但無法斷言是充分條件[*3]。

因此，費馬檢驗中，有時某數實際上並非質數，卻有極大機率被判定爲質數。這種數就稱爲假質數。

例如，$n = 3215031751$ 和互質的數 2、3、5、7 之間，雖滿足下式

$$2^{3215031750} \equiv 1 \,(\mathrm{mod}\; 3215031751)$$
$$3^{3215031750} \equiv 1 \,(\mathrm{mod}\; 3215031751)$$
$$5^{3215031750} \equiv 1 \,(\mathrm{mod}\; 3215031751)$$
$$7^{3215031750} \equiv 1 \,(\mathrm{mod}\; 3215031751)\quad,$$

但卻並非質數。這是因爲 3215031751 可質因數分解爲

$$3215031751 = 151 \times 751 \times 28351$$

然而，250 億以下的模數 n 中，2、3、5、7 這 4 個質數的 $n-1$ 次方所得結果雖爲 1，但不是質數的只有 3215031751。因此爲了使用費馬檢驗，提昇精準度而發展出的即爲第 131 頁所介紹的米勒・拉賓檢驗。

---

*1 假質數：Pseudo-prime。
*2 必要條件：Necessary condition。
*3 充分條件：Sufficient condition。

接下來的歐拉定理是RSA密碼的數學根據喔！

若能理解歐拉定理，就能了解RSA密碼的基礎喔！

✿ 歐拉定理

和自然數 n 互質的整數 a 能使下式成立。

$$a^{\varphi(n)} = 1 \,(\mathrm{mod}\ n)$$

式中的 $\varphi(n)$ 稱爲歐拉函數*。歐拉函數表示由 1 至 n 的自然數中，和 n 互質的整數個數。

此外，由於 $a^{\varphi(n)} \times a = a^{\varphi(n)+1}$，因此顯然下式也成立。

$$a^{\varphi(n)+1} = a \,(\mathrm{mod}\ n)$$

這是因爲 $a^{\varphi(n)} = 1 \,(\mathrm{mod}\ n)$，因此 a 連乘 $(\varphi(n)+1)$ 次後，又回到 a。

若再繼續連乘，將會在 $2\varphi(n)$ 次方時變1，而在 $(2\varphi(n)+1)$ 次方時回到 a。若以一般方式來表示，則和自然數 n 互質的整數 a，可列爲下式。

$$a^{k\varphi(n)} = 1 \,(\mathrm{mod}\ n)$$
$$a^{k\varphi(n)+1} = a \,(\mathrm{mod}\ n)$$

※ k 爲非負整數

另外，由 1 至 $(n-1)$ 的所有整數 a，均會成立下式。

$$a^{k\varphi(n)+1} = a \,(\mathrm{mod}\ n) \quad \cdots\cdots\cdots\cdots\cdots\cdots\cdots (1)$$

*歐拉函數：Euler Eotient Function。

例如 $\varphi(7)$，由於 $\{1 \cdot 2 \cdot 3 \cdot 4 \cdot 5 \cdot 6\}$ 和 7 互質，

因此 $\varphi(7) = 6$，對吧！

若 n 為質數，則 1 至 n 的所有自然數中，和 n 不互質的數就只有 n 而已！

也就是
$\varphi(n) = n - 1$

n 為質數時，
由於 $\varphi(n) = n - 1$，
因此
$a^{\varphi(n)} = a^{n-1} = 1 \pmod{n}$，
和費馬小定理一致
（和第 154 頁的表 3-10
中 ■ 的部分一致）。

歐拉又是誰呀？

❀ 數學家歐拉

　　萊昂哈德・歐拉（Leonhard Euler：1707 年生～1783 年歿）為瑞士的 18 世紀代表性數學家。

　　不僅在數學的各廣大領域留下偉大的成就，亦活躍於物理學及天文學的領域。

　　數學成就中最為人所知的就是所謂的歐拉公式（複數的歐拉公式）。

$$e^{i\theta} = \cos\theta + i\sin\theta$$

　　這是藉由虛數單位 $i = \sqrt{-1}$ 來表示複數指數函數 $e^{i\theta}$ 和三角函數 $\cos\theta$ 及 $\sin\theta$ 之間的關係。

*1 複數：Complex number。

*2 虛數：Imaginary number。

接著來看看以 2 個質數 p 和 q 的乘積來表示時的歐拉函數吧！

✿ 兩個質數的乘積之歐拉函數

設 N 為 2 個質數 p 和 q 的乘積。在此，為了導出歐拉函數，先來數數看和 N 不為互質的整數有幾個。由於 p 和 q 為質數，因此可得知和 N 不互質的數僅限於 p 的倍數或 q 的倍數。

(1) 在 1 至 qp 之間 p 的倍數有 p、$2p$、$3p$,……, qp，共有 q 個。

(2) 在 1 至 qp 之間 q 的倍數有 q、$2q$、$3q$,……, qp，共有 p 個。

(3) qp 和 qp 均為 N，因此只有 1 個相同的數重複。

換句話說，$\varphi(N)$ 即為由 N 扣除 p 個及 q 個，然後再加上重複的 1 個所得的數字。也就是，

$$\varphi(N) = pq - p - q + 1 = (p-1)(q-1)$$

歐拉函數 $\varphi(N)$ 即為 $(p-1)(q-1)$。

由此，當 p 和 q 為質數時，可表示為 $\varphi(pq) = \varphi(p)\varphi(q)$。

此外，由於 $a^{p-1} = 1\,(\mathrm{mod}\,p)$ 且 $a^{q-1} = 1\,(\mathrm{mod}\,q)$，因此將 $(p-1)$ 和 $(q-1)$ 最小的共通倍數（最小公倍數）設為 L，則下式即會成立。

$$a^L = 1\,(\mathrm{mod}\,p, \mathrm{mod}\,q)$$

換句話說，和 $N(=pq)$ 互質的整數 a，會滿足下式。

$$a^L = 1\,(\mathrm{mod}\,N)$$

也就表示，L 和歐拉函數 $\varphi(N)$ 具有相同的功能。另外，由於任意 2 個正整

數的乘積等於最小公倍數和最大公因數的乘積，因此根據$(p-1)(q-1)=LG$，則下式會成立。

$$L = \frac{(p-1)(q-1)}{G}$$ ※ L 為最小公倍數，G 為最大公因數。

舉例說明。例如，設 $p=3$，$q=5$，$N=pq$ 為 15，而 $(p-1)$ 為 2，$(q-1)$ 為 4，$\varphi(N)=(p-1)(q-1)$ 為 8，2 和 4 的最小公倍數 L 為 4，且最大公因數 G 為 2。此時，對於和 15 互質的自然數 a，可成立下式。（表 3-11）

$$a^{4k} = 1\,(\text{mod } 15)$$ ※ k 為非負整數

換句話說，a 連乘至 $\varphi(N)$ 次方為止，以 $(p-1)$ 和 $(q-1)$ 的最小公倍數 L 為周期，最大公因數 G 次之中，至少會出現「1」。

另外，根據歐拉定理（請參照第 158 頁）的式（1），對於 1 至 $(N-1)$ 的所有整數，可得

$$a^{kL+1} = a\,(\text{mod } N) \quad\cdots\cdots\cdots\cdots\cdots\cdots\cdots\cdots\cdots\cdots \quad (2)$$

即為 RSA 密碼的手法。

表 3-11　兩個質數的乘積之歐拉函數例 a^b
（$N=3\times5$，$\varphi(15)=8$，$L=4$，$G=2$）

$a\backslash b$	1	2	3	4	5	6	7	8
1	1	1	1	1	1	1	1	1
2	2	4	8	1	2	4	8	1
3	3	9	12	6	3	9	12	6
4	4	1	4	1	4	1	4	1
5	5	10	5	10	5	10	5	10
6	6	6	6	6	6	6	6	6
7	7	4	13	1	7	4	13	1
8	8	4	2	1	8	4	2	1
9	9	6	9	6	9	6	9	6
10	10	10	10	10	10	10	10	10
11	11	1	11	1	11	1	11	1
12	12	9	3	6	12	9	3	6
13	13	4	7	1	13	4	7	1
14	14	1	14	1	14	1	14	1

1 周期　　　　　　1 周期

※ ▨ 部分表示式（2）的關係

沒關係、沒關係！
「萬丈高樓平地起」

按部就班來
就可以囉！

歐拉和費馬都
好討厭……

哥哥……

說的也是！

沒錯　沒錯

歐拉　費馬

啊！
你們看那個
星座。

密碼數學的
基礎到此結
束！

接下來終於要來揭
開公開金鑰密碼
RSA的真面目了！！

哇－－－－

3-5　RSA 密碼的構造

終於從數學解脫了！

吃甜食
補充體力

你們別高興得太早！

數學還會再出現喔！

唉——

真是鬆了一口氣。

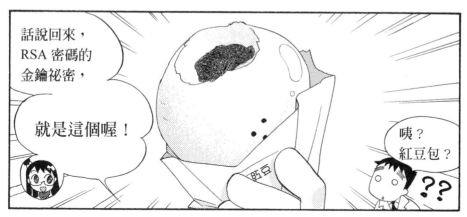

話說回來，RSA 密碼的金鑰祕密，

就是這個喔！

咦？
紅豆包？

??

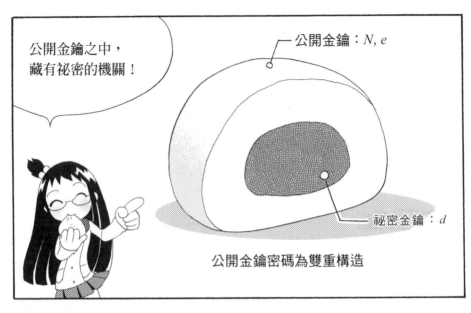

公開金鑰之中，
藏有祕密的機關！

公開金鑰：N, e

祕密金鑰：d

公開金鑰密碼為雙重構造

我還是比較喜
歡豬肉包耶！

終於要學習RSA密
碼的構造了吧？

忽視我……

我先彙整RSA
加密及解密的構
造給你們看！

✤ RSA 密碼的加密及解密

設明文為 P，密文為 C，則加密可表示如下。

$$C = P^e \pmod{N}$$

也就是說，P（明文）的 e（公開金鑰之一）次方後所得的值，除以 N（另一個公開金鑰）後的餘數為 C（密文），便得以加密。

此外，解密可表示如下。

$$P = C^d \pmod{N}$$

也就是說，C（密文）的 d（祕密金鑰）次方後所得的值，除以 N（公開金鑰）後的餘數為 p（明文），便得以解密。此處的 N 為 2 個很大的相異質數的相乘結果。

你們知道為什麼第一個式子中的公開金鑰 e 和 N，以及密文 C 即使被知道也無法解讀嗎？

假設以 x 表示 P 的方程式……

我不想聽！

只要知道 x 以外的 e 和 C 和 N，然後解開
$$x^e = C \pmod{N}$$
的方程式，就可能解讀密文了，對吧？

但是，將一個個數值代入，來導出 x 的方法會極耗時間，因此實際上幾乎不可能成立！

這稱爲「計算量上安全的密碼」。

話說回來，若得知歐拉函數 $\varphi(N)$，則應該可由歐拉定理計算出來。

但是，爲了算出 $\varphi(N)$，則必須將 N 做質因數分解，對吧？

綁
緊

若 N 爲非常大的數值，則質因數分解要花費極久的時間，因此「密碼的安全性＝質因數分解」喔！

好好
聽清楚呀！

也就是說，「難以解開的數學問題」最終會成爲質因數分解問題！因此解讀非常困難！！

公開金鑰在加密金鑰和解密金鑰扮演了重要的角色。接著我們來依序學習金鑰的產生方法吧！

真慘……

❈ RSA 密碼的金鑰生成法

① 任意選擇 2 個相當大的相異質數 p、q。

$p \times q$ 為 N，也就是公開金鑰之一。

② 求出歐拉函數 $\varphi(pq) = (p-1)(q-1)$。

③是為了產生公開金鑰的另一個準備作業。

③ 計算 $(p-1)$ 和 $(q-1)$ 的最小公倍數 L。

求出歐拉函數後，就不需要 p 和 q 了！因此只要在不讓他人得知的情況下銷毀即可！

④ 選擇與 $(p-1)$ 和 $(q-1)$ 的最小公倍數 L 互質且小於 L 的任意正整數 e。

e 為另一個公開金鑰喲！
但 e 必須符合 $P^e > N$！

若 $P^e \leqq N$，則不經過模數運算，會得出 $P^e = C$，如此一來便無法藉由運算形成亂數化了。

⑤ 對於任意的正整數 e，求出滿足下式的正整數 d。
$$ed = 1 \, (\text{mod} \, L)$$
然而 d 必須小於 $\varphi(N)$，但大於 p 及 q。

167

模數 L 中，d 相當於 e 的乘法逆運算數。

即為了求出和加密金鑰 e 成對的解密金鑰 d 所必要的數！！

接下來，請求出和加密金鑰 e 成對的解密金鑰 d。

由於 $ed = 1(\bmod L)$，因此 $ed - 1 = 0(\bmod L)$。換句話說，由於 $ed - 1$ 為 L 的倍數，因此

$$ed - 1 = kL, \qquad \text{※}\ k\ \text{為非負整數}$$

且下式成立。

$$ed = kL + 1 \qquad \text{※}\ k\ \text{為非負整數}$$

因此，由歐拉函數一節（請參見第 160 頁）中所說明的式（2）可知，對於 1 至 $(N-1)$ 的所有自然數 P（相當於明文），會成立下式。

$$P^{ed} = P^{kL+1} = P(\bmod N)$$

由此可知，密文 $C(=P^e)$ 的 d 次方 P^{ed} 被解密為明文 P。

祕密金鑰 d 和公開金鑰 e 是成對的呢！

接著我們來練習試作公開金鑰和祕密金鑰吧！

❀ 公開金鑰和祕密金鑰的做法

現在，設 2 個質數分別為 $p = 5, q = 11$ 時，試求出公開金鑰 N 及祕密金鑰 d。

步驟 1

設 p 和 q 的乘積為 N。

$$N = pq = 5 \times 11 = 55$$

步驟 2

求出 N 的歐拉函數 $\varphi(N)$。

$$\varphi(55) = (5-1) \times (11-1) = 4 \times 10 = 40$$

步驟 3

求出 $(p-1)$ 和 $(q-1)$ 的最小公倍數。由於其為 4 和 10 的最小公倍數，因此 $L = 20$。

步驟 4

求出和最小公倍數 L 互質的自然數 e。和 $L = 20$ 互質的自然數 e 包含 $\{1 \cdot 3 \cdot 7 \cdot 9 \cdot 11 \cdot 13 \cdot 17 \cdot 19\}$ 這 8 個數。

步驟 5

接下來求出加密金鑰 e 的乘法逆運算數 d，也就是解密金鑰。

在 mod 20 的運算中，例如，試想以 $e = 17$ 的乘法逆運算數 d。

$$ed = kL + 1 \,(\text{mod}\, 20) \qquad 因此，17d = 20k + 1$$

移項後，

$$d = \frac{(20k + 1)}{17}$$

由於右式爲整數，尋找 $20k + 1$ 爲 17 的倍數會成立的 k 值，發現當 $k = 11$ 時，$20k + 1 = 221$，爲 17 的倍數。也就是說

$$221 = 20 \times 11 + 1 = 17 \times 13 \text{，因此可導出}$$

$$17 \times 13 = 1 \,(\mathrm{mod}\ 20)$$

結果得出 $d = 13$。

由以上結果，可計算出下列的金鑰。

公開金鑰（$N = 55, e = 17$）← 加密金鑰

祕密金鑰（$d = 13$）　　　　← 解密金鑰

另外，由 **步驟 4** 得到其他的 e 和 d 的組合爲

$(e = 1, d = 1)$，$(e = 3, d = 7)$，$(e = 7, d = 3)$，$(e = 9, d = 9)$，
$(e = 11, d = 11)$，$(e = 17, d = 13)$，
$(e = 19, d = 19)$

任一種組合，都滿足 $ed = 20k + 1$。

一般而言，加密金鑰和解密金鑰爲相異的整數（$e \neq d$）。而加密金鑰 e 最好盡可能地選擇較大的整數，因此 $e = 17, d = 13$ 的組合是最適當的。

使用擴展版輾轉相除法*
後，即可有效率地求出 e
的倒數…也就是祕密金鑰
d 喔！（請參見第 183 頁）

既然加密金鑰和解密金鑰的組合都取得了，我們來實際試作密碼嘛！

好，我們做個統整，從下一頁開始介紹 RSA 的加密和解密系統吧！

*輾轉相除法：Method of successive division，又稱歐幾里德演算法（Euclidean algorithm）。

❀ RSA 密碼的生成

首先，我用 RSA 密碼的公開金鑰說明密文產生的程序。

舉個實際的例子，以金鑰實例中做成的加密金鑰 $e = 17$，我們可以將 4 個字母組成的明文（GOLF）進行加密。

步驟1

首先，依據右表的文字碼表，將字母化為整數。

G	O	L	F
↓	↓	↓	↓
32	40	37	31

步驟2

將整數轉換為 6 位元的 2 進位數資料。

32	40	37	31
↓	↓	↓	↓
100000	101000	100101	011111

表 3-12　文字碼表

文字	碼	文字	碼	文字	碼
a	0	s	18	K	36
b	1	t	19	L	37
c	2	u	20	M	38
d	3	v	21	N	39
e	4	w	22	O	40
f	5	x	23	P	41
g	6	y	24	Q	42
h	7	z	25	R	43
i	8	A	26	S	44
j	9	B	27	T	45
k	10	C	28	U	46
l	11	D	29	V	47
m	12	E	30	W	48
n	13	F	31	X	49
o	14	G	32	Y	50
p	15	H	33	Z	51
q	16	I	34	⋮	⋮
r	17	J	35		63

步驟3

再將 2 進位數資料以 $(N-1)$ 以下的非負整數表示。在本例中，由於 $N = 55$，$N-1 = 54$，因此將每 5 位元區分為 1 個區塊。換句話說，以 5 位元可表示的最大值為 31，此值為 54 以下，因此滿足條件。雖然也可以用 3 位元、4 位元來表示，然而區分的位元數越大則加密效果越好。

（由於最後的 0 為以每 5 位元區分為 1 區塊時不滿 5 位元的位元。在此為了方便，設其為 0。）

步驟4

將 2 進位數資料轉換為 10 進位數。

10000	01010	00100	10101	11110
↓	↓	↓	↓	↓
16	10	4	21	30

使用加密金鑰 $(N = 55, e = 17)$ 進行加密。可具體求出 10 進位數的 17 次方除以 55 所得到的餘數。因此，藉由計算

$$16^{17} \,(\mathrm{mod}\,55), \, 10^{17} \,(\mathrm{mod}\,55), \, 4^{17} \,(\mathrm{mod}\,55), \, 21^{17} \,(\mathrm{mod}\,55), \, 30^{17} \,(\mathrm{mod}\,55),$$

便可取得加密資料。以 16 為例，可知

$$16^2 = 256 = 36 \,(\mathrm{mod}\,55) \qquad 36^2 = 1296 = 31 \,(\mathrm{mod}\,55)$$
$$31^2 = 961 = 26 \,(\mathrm{mod}\,55) \qquad 26^2 = 676 = 16 \,(\mathrm{mod}\,55)$$

因此，依序使用以上的關係式，則

$$
\begin{aligned}
16^{17} &= 16^2 \times 16^2 \times 16^2 \times 16^2 \times 16^2 \times 16^2 \times 16^2 \times 16^2 \times 16 \\
&= 36 \times 36 \times 36 \times 36 \times 36 \times 36 \times 36 \times 36 \times 16 \\
&= 36^2 \times 36^2 \times 36^2 \times 36^2 \times 16 \\
&= 31 \times 31 \times 31 \times 31 \times 16 \\
&= 31^2 \times 31^2 \times 16 \\
&= 26 \times 26 \times 16 \\
&= 26^2 \times 16 \\
&= 16 \times 16 \\
&= 36
\end{aligned}
$$

其餘的加密也以同樣方式進行（以下僅表示結果）。

$$10^{17} \,(\mathrm{mod}\,55) = 10 \qquad 4^{17} \,(\mathrm{mod}\,55) = 49$$
$$21^{17} \,(\mathrm{mod}\,55) = 21 \qquad 30^{17} \,(\mathrm{mod}\,55) = 35$$

因此，密文以 10 進位數表示為

$$36 \quad 10 \quad 49 \quad 21 \quad 35 \quad \cdots\cdots\cdots\cdots\cdots\cdots\cdots\cdots\cdots\cdots\cdots\cdots\cdots\cdots\cdots \quad (3)$$

將式（3）視爲文字碼，再依據表 3-12 轉換爲字母後，可得以下密文。

$$
\begin{array}{ccccc}
36 & 10 & 49 & 21 & 35 \\
\downarrow & \downarrow & \downarrow & \downarrow & \downarrow \\
K & k & X & v & J
\end{array}
$$

❈ RSA 密碼的解密

這次我們使用 RSA 密碼的祕密金鑰來說明將密文解密爲明文的進行程序。

舉個具體的例子來說，使用祕密金鑰的解密金鑰（$d = 13$），將 10 進位數的加密資料（式（3））解密爲字母的明文的過程解說如下。

步驟 1

使用解密金鑰（$d = 13$），計算 $C^d \pmod{N}$。具體而言，就是求出式（3）的 10 進位數資料的 13 次方除以 55 所得到的餘數，再將其轉換爲明文。

因此，藉由計算

$36^{13} \pmod{55}$, $10^{13} \pmod{55}$, $49^{13} \pmod{55}$, $21^{13} \pmod{55}$, $30^{13} \pmod{55}$

即可取得明文。例如，對於 36，我們使用密文的產生 步驟 5 中的關係式如下：

$$
\begin{aligned}
36^{13} &= 36^2 \times 36^2 \times 36^2 \times 36^2 \times 36^2 \times 36^2 \times 36 \\
&= 31 \times 31 \times 31 \times 31 \times 31 \times 31 \times 36 \\
&= 31^2 \times 31^2 \times 31^2 \times 36 \\
&= 26 \times 26 \times 26 \times 36 \\
&= 26^2 \times 26 \times 36 \\
&= 16 \times 26 \times 36 \\
&= 14976 \\
&= 16 \pmod{55}
\end{aligned}
$$

因此其餘的密文 $\{10, 49, 21, 35\}$ 也以相同方式進行計算（以下僅表示結果）。

$$10^{13} \pmod{55} = 10 \qquad 49^{13} \pmod{55} = 4$$

$$21^{13} \pmod{55} = 21 \qquad 35^{13} \pmod{55} = 30$$

因此，以 10 進位數表示明文如下。

16　10　4　21　30

步驟 2

將得出的 10 進位數的明文轉換為 2 進位數（以每 5 位數區分）。

16	10	4	21	30
↓	↓	↓	↓	↓
10000	01010	00100	10101	11110

步驟 3

為了對應表中的文字碼，我們將 2 進位數資料以每 6 位元區分為 1 個區塊加以處理。

10000　01010　00100　10101　11110　刪除 0

↓↓↓↓↓ ↙↓↓↓↓↓ ↙↙↓↓↓↓↓ ↙↙↓↓↓↓↓ ↘ 0

100000　101000　100101　011111

（由於最後的 0 為每 6 位元區分為 1 個區塊時，所餘留的位元，因此將其刪除。）

步驟 4

將 6 位元的 2 進位數轉換為整數。

100000	101000	100101	011111
↓	↓	↓	↓
32	40	37	31

步驟 5

依據表中的文字碼，將整數資料轉換為字母。

32	40	37	31
↓	↓	↓	↓
G	O	L	F

如此一來，便完成了解密。

為何設 GOLF 為密碼呢？

也許是作者的嗜好吧…

理解 RSA 密碼了嗎？

哈…哈哈，那當然囉…

話說回來，公開金鑰密碼並不像 RSA 一般，

只有質因數分解問題吧？
其他還有什麼嗎？

沒錯。
那我就以離散對數*問題爲根據，簡單地說明一下 ElGamal 密碼吧！

嗚！
又是個聽起來很難理解的單字……

簡單？
不是開玩笑的吧！

眞的啦！

請先閱讀以下的解說，

學學密碼的基礎理論吧！

轉 轉

*離散問題：Discrete logarithm。

175

✿ 離散對數問題

請再看一次模數 7 的連乘表。

從 3 的累乘（連乘）那行可知，b 為 1 至 6 時所得的數值不會重複，僅出現 1 次。

質數 7 的模數運算之結果爲有限體，其要素爲

$$\{\,0, 1, 2, 3, 4, 5, 6\,\}$$

然而，3 的累乘，則可能表示出 0 以外的所有要素。如同表 3-12 的 $a = 3$ 般，我們將具有累乘 1 至 6 次所得的數值不重複、只出現 1 次的性質之數，稱爲原始根*。

表 3-13　模數 7 的 a^b（a 的 b 次方）

$a \diagdown b$	1	2	3	4	5	6
1	1	1	1	1	1	1
2	2	4	1	2	4	1
3	3	2	6	4	5	1
4	4	2	1	4	2	1
5	5	4	6	2	3	1
6	6	1	6	1	6	1

若設質數 p 爲模數，則原始根必定存在，其個數爲 $\varphi(p-1)$。而模數爲 7 的情況下，由於

$$\varphi(7-1) = \varphi(6) = \varphi(2 \times 3) = (2-1) \times (3-1) = 2,$$

因此模數 7 中原始根的個數有 2 個。如此一來，除了 3 之外，理應尚存在另 1 個可成爲原始根的數值。若參見表 3-12，則可確認 5 也是原始根。若設質數 p 爲模數，原始根爲 α，則模數運算的任意要素 Z_i 可表示爲下式。

$$\alpha^k = Z_i \;(\mathrm{mod}\; p)$$

※ k 爲非負整數，然而 $k \leqq p-1$。

此外，原始根 α 的累乘指數 k 可表示爲下式。

$$k = \log_\alpha Z_i \;(\mathrm{mod}\; p)$$

*原始根：Primitive roots。

此時，k 就稱爲以 α 爲底的離散對數。

在此，不需要將 log 想成是很難的符號。

例如，$2^3 = 8$ 這個式子與

$$3 = 3 \log_2 2 = \log_2 2^3 = \log_2 8$$

意義完全相同。

若將「2 的 3 次方爲 8」的說法以另一種方式來說，就是「爲了得到 8，2 連乘的次數爲 3 次」。

如同第 118 頁曾說明過的，在

$$\alpha^k = Z_i \,(\mathrm{mod}\, p)$$

只要得知 α、k 和 p，要求出 Z_i 就不是那麼困難了。然而即使得知 α、Z_i 和 p，要求出離散對數 k 仍非常艱難，這就是離散對數問題。

$y = \log_\alpha x$
即爲 $x = \alpha^y$！

我的說明你了解嗎？

哈…哈哈

那麼，接下來就來說明利用離散對數問題的密碼演算法——ElGamal 密碼吧！

嗚…嗚…

ElGamal 密碼的加密及解密

設密碼的送信者爲「琉可」，
收信者爲「小蘭」。

① 收信者小蘭準備了很大的質數 q 和其原始根 α。

小蘭是誰呀？
拉麵店的女孩呀！她是我的朋友喲！

② 收信者小蘭隨機決定了祕密金鑰 d，經由計算

$$g=\alpha^{d}(\bmod q)$$ ，

而公開 g、α 及 q 做為公開金鑰。

今天就用這個吧！

③ 送信者琉可選擇亂數 r，並計算 $C_1=\alpha^r(\bmod q)$。
接著，對於明文 P，則計算了 $C_2=P\times g^r(\bmod q)$。

④ 送信者琉可將 C_1 和 C_2 發信給小蘭。

祕密金鑰 d

公開金鑰 g、α、q

C_1, C_2

⑤ 收信者小蘭使用祕密金鑰 d，計算下式以便解密。

$$P = \frac{C_2}{C_1{}^d} \pmod q$$

答案是
$C_1{}^d = (\alpha^r)^d = (\alpha^d)^r = \alpha^{rd} = g^r$ ！
也就是
$\dfrac{C_2}{C_1{}^d} = \dfrac{P \times g^r}{g^r} = P$。
解密爲 P 了。

眞的耶！
果然回復爲
明文 P 了！

好感動 ♡

Diffe-Hellman 金鑰交換法也和 ElGamal 密碼具有相似的構造喔！

拉扯——

① 琉可和小蘭公開共有很大的質數 p 及原始根 α。

② 琉可選擇亂數 c，再將 $\alpha^c (\bmod p)$ 發送給小蘭。
另一方面，小蘭選擇亂數 d 並保密，再將 $\alpha^d (\bmod p)$ 發送給琉可。

③ 琉可由祕密金鑰 c 得到 $(\alpha^d)^c = \alpha^{cd} (\bmod p)$ 金鑰。
小蘭則由祕密金鑰 d 得到 $(\alpha^c)^d = \alpha^{cd} (\bmod p)$ 金鑰。
兩人因此可共有金鑰。

喔！
還蠻容易了解的！

還有，安全強度也比較高啦！

ElGamal 密碼也被改良成 DSA*使用。

還可應用於強度更高的橢圓曲線密碼喔！

數位簽章？…是用於認證的技術吧？

這個部分將在第4章學到喲！

叮 ♪

唉呀！有郵件。

郵件來了。

寄件者：卯月蘭
收件者：琉可
主指：再見！

我現在已經辭掉拉麵店的工作。是時候去國外走走了，誰叫我又犯了想流浪的毛病，別擔心！我人會好好地在國外生活！

(⌒0⌒) ／～

*DSA：數位簽章演算法（Digital signature algorithm）。

難得交到的朋友…
妳一定很寂寞吧！

……

我也很寂寞呀！
但是我肚子更
餓！

我們去吃
拉麵嘛！

就這麼辦吧！

我先走一步囉！

卡

大家都已經
了解了吧？！

✽專欄✽ 擴張版輾轉相除法

輾轉相除法為導出 2 個自然數的最大公因數的演算法。它比質因數分解可以更有效率地計算。如果想在輾轉相除法中，找尋 2 個自然數 a、b($a > b$) 的最大公因數，則可利用以下步驟。

① 設 a 除以 b，餘數為 r。

②若 $r = 0$，則最大公因數即為 b，計算即完成。

③若 $r \neq 0$，則 a、b 的組合置換為 b 和 r，然後再回到最初的步驟。

只要重覆①到③的步驟，餘數為 0 時，除數即為最大公因數。換句話說，得到餘數為 0 前的一個步驟中所得到的餘數即為最大公因數。

舉個實例，請以輾轉相除法求出 1365 和 77 的最大公因數。

$1365 = 17 \times 77 + 56$ （← 依 $1365 \div 77 = 17$ 餘 56 的計算可知）

$77 = 1 \times 56 + 21$ （← 依 $77 \div 56 = 1$ 餘 21 的計算可知）

$56 = 2 \times 21 + 14$ （← 依 $56 \div 21 = 2$ 餘 14 的計算可知）

$21 = 1 \times 14 +$ ⑦ （← 依 $21 \div 14 = 1$ 餘 7 的計算可知）

$14 = 2 \times$ ⑦ $+ 0$ （← 依 $14 \div 7 = 2$ 餘 0 的計算可知）

因此，最大公因數為 7。只要依步驟計算便可確實得到結果，因此可讓人感到輾轉相除法的實用性。

●一次不定方程式*的解之計算●

接下來，對互質的 20 和 17，請以輾轉相除法求最大公因數。

$20 = 1 \times 17 + 3$ ……………………………… (1)

$17 = 5 \times 3 + 2$ ……………………………… (2)

$3 = 1 \times 2 + 1$ ……………………………… (3)

$2 = 2 \times 1 + 0$

由於直接可看出最大公因數為 1，似乎並不需要使用輾轉相除法。

然而，為求出結果的算式卻具有相當大的利用價值喔！

*不定方程式：Diophantine equation。

首先，將式（1）、（2）、（3）移項，得到下列的 3 個式子。

$$20 - 1 \times 17 = 3 \quad \cdots\cdots\cdots\cdots\cdots\cdots\cdots\cdots\cdots\cdots\cdots\cdots \quad (4)$$

$$17 - 5 \times 3 = ② \quad \cdots\cdots\cdots\cdots\cdots\cdots\cdots\cdots\cdots\cdots\cdots \quad (5)$$

$$3 - 1 \times ② = 1 \quad \cdots\cdots\cdots\cdots\cdots\cdots\cdots\cdots\cdots\cdots\cdots\cdots \quad (6)$$

接下來，將式（5）代入式（6）的②中，請注意 3 和 17。

$$3 - 1 \times ② = 3 - 1 \times (17 - 5 \times 3) = 6 \times \boxed{3} - 1 \times 17 = 1 \quad \cdots\cdots \quad (7)$$

接著，將式（4）代入式（7）的 $\boxed{3}$ 中，請注意 20 和 17。

$$6 \times \boxed{3} - 1 \times 17 = 6 \times (20 - 1 \times 17) - 1 \times 17 = 6 \times 20 - 7 \times 17 = 1$$

然後，將此一連串的步驟所得的結果改寫如下。

$$20 \times 6 + 17 \times (-7) = 1$$

將上式改寫為 $ax + by = c$，而符合 a、b、c、x、y 的數皆為整數。這種形式的方程式就稱為一次不定方程式，可求出整數解的 x 和 y。

也就是說，利用輾轉相除法的計算過程，$a = 20$、$b = 17$ 時，可得一次不定方程式的整數解 $(x, y) = (6, -7)$。此方法即為擴張版輾轉相除法，是非常具有利用價值的運算法。

一般而言，若設 a 和 b 為非 0 的整數，且 a 和 b 的最大公因數為 c，則一次不定方程式

$$ax + by = c$$

有整數解 (x_1, y_1)，而且可利用擴張版輾轉相除法求出一組解。然而，一次不定方程式的解並不僅有 1 組。方程式的所有的整數解皆可利用任意的整數 k 表示如下。

$$(x, y) = \left(x_1 + k \cdot \frac{b}{c}, y_1 - k \cdot \frac{a}{c} \right) \quad \cdots\cdots\cdots\cdots\cdots\cdots\cdots\cdots \quad (8)$$

● 以模數運算計算倒數 ●

若利用式（8）中所表示的解的公式，則一次不定方程式 $20x + 17y = 1$ 的所有整數解可表示如右。

$$(6 + 17k, -7 - 20k) \quad \cdots\cdots\cdots\cdots\cdots\cdots\cdots\cdots\cdots\cdots\cdots \quad (9)$$

$k = -1$ 時，解爲 $(x, y) = (-11, 13)$。

將此代入一次不定方程式 $20x + 17y = 1$。

$$20 \times (-11) + 17 \times 13 = 1$$

移項並整理式子。

$$17 \times 13 = 1 + 11 \times 20 \quad \cdots\cdots\cdots\cdots\cdots\cdots\cdots\cdots \quad (10)$$

若仔細看式（10），就可得知實際上它和下式意義相同。

$$17 \times 13 = 1 \,(\mathrm{mod}\, 20) \quad \cdots\cdots\cdots\cdots\cdots\cdots\cdots\cdots \quad (11)$$

在第 168 頁中，$ed = 1 \,(\mathrm{mod}\, L)$ 的情況下，說明了「模數 L 中，解密金鑰 d 爲加密金鑰 e 的乘法逆運算數」。意即，關於式（11）的模數 20 中，13 爲 17 的乘法逆運算數。

也就是說，若使用擴張版輾轉相除法，則可高效率地導出模數運算中的倒數。由於在公開金鑰密碼中，爲了產生祕密金鑰（解密金鑰），算出倒數是必須的，因此密碼的世界中，也會讓擴張版輾轉相除法大大發揮。

雖可求出 $17 \,(\mathrm{mod}\, 20)$ 的倒數 17^{-1}，然而又該如何求出 $16 \,(\mathrm{mod}\, 20)$ 的倒數爲 16^{-1} 呢？由於 16 和 20 的最大公因數爲 4，因此可用前述方法求出 $20x + 16y = 4$。但是，爲了求出倒數的一次不定方程式 $20x + 16y = 1$ 時，則由於左式勢必爲 4 的倍數，因此不存在整數解。換句話說，若在 2 個數非爲互質的情況下，則無法求出倒數。藉由擴張版輾轉相除法導出倒數的方法，只能在 2 數爲互質的情況下才成立。

最後，以輾轉相除法列出實際求出模數 1001 中，73 的倒數 73^{-1} 的計算過程。首先，以輾轉相除法，求出 73 和 1001 的最大公因數。

$$1001 = 13 \times 73 + 52$$
$$73 = 1 \times 52 + 21$$
$$52 = 2 \times 21 + 10$$
$$21 = 2 \times 10 + 1$$
$$10 = 10 \times 1 + 0$$

因此可知，73 和 1001 的最大公因數爲 1，也就表示 73 和 1001 互質。接下來，將這些式子改寫爲求餘數的式子。

$$1001 - 13 \times 73 = 52 \quad \cdots\cdots\cdots\cdots\cdots\cdots\cdots\cdots \quad (12)$$

$$73 - 1 \times 52 = 21 \quad \cdots\cdots\cdots\cdots\cdots\cdots\cdots\cdots \quad (13)$$

$$52 - 2 \times 21 = 10 \quad \cdots\cdots\cdots\cdots\cdots\cdots\cdots\cdots \quad (14)$$

$$21 - 2 \times 10 = 1 \quad \cdots\cdots\cdots\cdots\cdots\cdots\cdots\cdots \quad (15)$$

將式（14）代入式（15）取代 10。

$$21 - 2 \times (52 - 2 \times 21) = 1$$

$$21 - 2 \times 52 + 4 \times 21 = 1 \quad \cdots\cdots\cdots\cdots\cdots\cdots \quad (16)$$

將式（16）改寫爲 52 和 21 的組合。

$$5 \times 21 - 2 \times 52 = 1 \quad \cdots\cdots\cdots\cdots\cdots\cdots\cdots \quad (17)$$

將式（13）代入式（17）取代 21。

$$5 \times (73 - 1 \times 52) - 2 \times 52 = 1$$

$$5 \times 73 - 5 \times 52 - 2 \times 52 = 1 \quad \cdots\cdots\cdots\cdots \quad (18)$$

將式（18）改寫爲 73 和 52 的組合。

$$5 \times 73 - 7 \times 52 = 1 \quad \cdots\cdots\cdots\cdots\cdots\cdots\cdots \quad (19)$$

將式（12）代入式（19）取代 52。

$$5 \times 73 - 7 \times (1001 - 13 \times 73) = 1$$

$$5 \times 73 - 7 \times 1001 + 91 \times 73 = 1 \quad \cdots\cdots\cdots \quad (20)$$

將式（20）改寫爲 1001 和 73 的組合。

$$96 \times 73 - 7 \times 1001 = 1 \quad \cdots\cdots\cdots\cdots\cdots\cdots \quad (21)$$

將式（21）移項。

$$96 \times 73 = 1 + 7 \times 1001$$

　　由於此和 $96 \times 73 = 1 \pmod{1001}$ 意義相同，因此模數 1001 中的 73 的倒數 73^{-1} 爲 96。

第 4 章
實際的密碼應用

店員招募中!
急徵!

拉麵還沒好呀……

小蘭辭掉工作後,店裡應該變很忙吧……

我是小蘭

那麼,趁麵還沒來,先教你們混合密碼吧!

混合是複合的意思!也就是指將多種方式組合在一起嗎?

又要學習……

*混合密碼:Hybrid cipher。

沒錯！ 它是可彌補共通金鑰密碼和公開金鑰密碼缺點的加密法。

共通金鑰密碼的缺點是金鑰交換很困難，優點是處理速度快。公開金鑰密碼的缺點為加密較長訊息時，須耗費相當多的時間，優點則為金鑰交換很容易。

混合密碼以公開金鑰密碼將共通金鑰加密後傳送，訊息則由共通金鑰加密後傳送。來看看下列的步驟吧！

拉麵好慢呀…

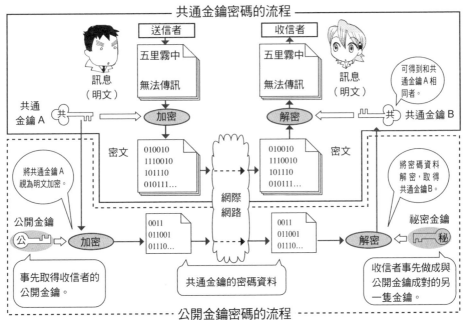

圖 4-1　混合密碼的加密及解密的完整示意圖

如圖 4-1 所示，公開金鑰密碼「只用於共通金鑰的加密和解密」，而共通金鑰密碼「只用於訊息的加密和解密」。也就是說，以共通金鑰密碼快速地加密及解密較長的訊息。由於共通金鑰以公開金鑰加密並透過通訊路徑來傳遞，因此不會有共通金鑰的最大弱點（金鑰交換時的傳遞問題）。

那麼，以拉麵的點餐為例，來看看混合密碼的實際運用吧！

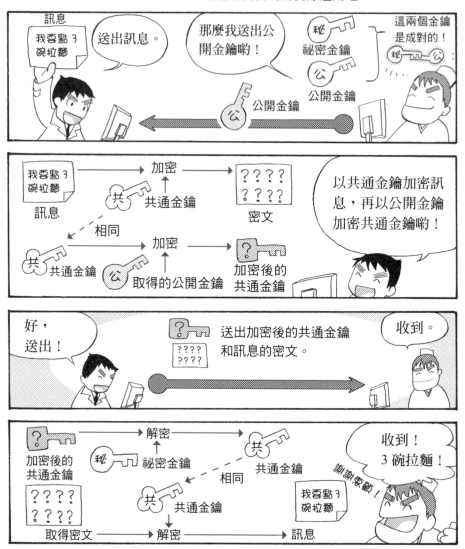

原來如此，可以進行效率佳且快速的密碼交換呢！

真希望拉麵也可以效率佳且快速地上菜。

咕嚕 咕嚕

目前混合密碼被實際應用於網際網路上喲！

用於電子郵件等的PGP及用於網頁的 SSL ／ TLS（請參見第226頁）都是混合密碼。

讓您久等了！

叩

4-2　雜湊函數[*1] 和訊息認證碼[*2]

驚

❀ 竄改

怒怒 怒 怒 怒

他為什麼
這麼生氣呀？

誰知道？

瞪

警官，拜託
你趕快抓到
犯人！

當、當然呀！

犯人到底在
哪裡呀？

我是怪盜
Cipher！♡

*1 雜湊函數：Hash function。

*2 訊息認證碼：Message authentication code。

最近，我損失了29碗拉麵哦！

拉麵？！

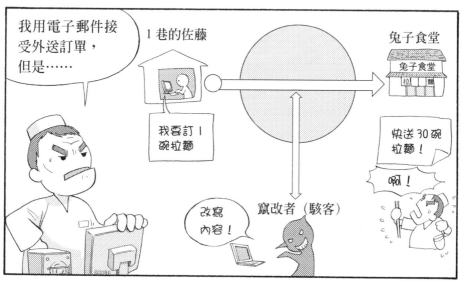

我用電子郵件接受外送訂單，但是……

1 巷的佐藤

我要訂 1 碗拉麵

改寫內容！

竄改者（駭客）

兔子食堂

兔子食堂 拉麵

快送 30 碗拉麵！

OK！

訊息內容被竄改了！

好可怕

OK─

無法用密碼防止訊息被竄改嗎？

哦呀……

只要使用雜湊函數就可以防止竄改唷！！

雜湊？
跟雜燴有關係嗎？

是是

你是指加了許多切細食材的芶芡料理吧？

切細就是雜湊哦！

雜湊函數所用的並非食材，而是將訊息切成細塊所產生的雜湊值。

哦哦！
原來如此—

聽起來很好吃呀！

雜湊值是什麼？

不能吃嗎？

是指由訊息計算出來的值。例如，用於犯罪搜證用的「指紋」。

為了確保訊息無法被竄改而使用的！

不能吃！

✾ 雜湊函數

使用雜湊函數，由原本的訊息推算出雜湊值。就如同指紋是可以用來確認本人的有效手段，因此雜湊值可說是訊息的指紋。由於它是將訊息簡化後所得，因此資料量變得很小且具有固定的大小。

「收信者可確保訊息沒有被竄改」的特性稱爲健全性（integrity），送信者也可藉由同時送出的原始訊息及雜湊值，來確保訊息的健全性。換句話說，藉由訊息的指紋，我們可以確認訊息是否被竄改。收信者和送信者使用相同的雜湊函數，藉由計算出做爲訊息指紋（Message fingerprint）的雜湊值，和被訊息同時寄來的雜湊值做比較。若雜湊值相同，則可得知訊息沒有被竄改。

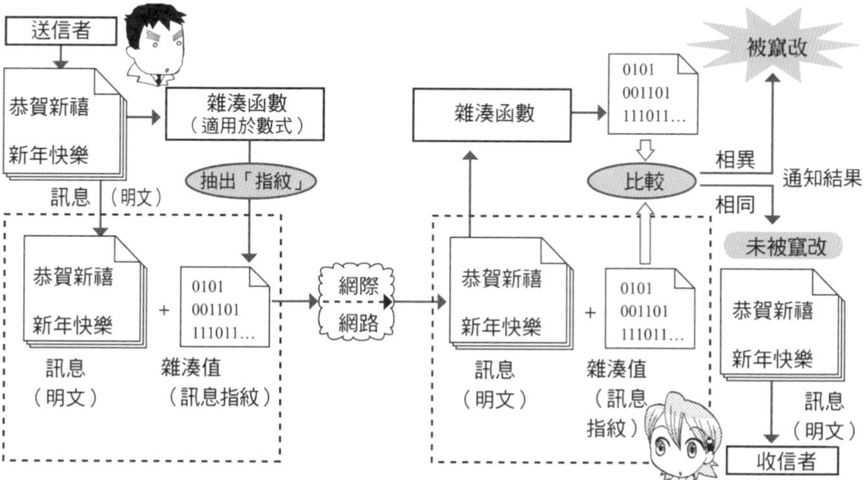

圖 4-2 雜湊函數

雜湊函數爲單向函數*1。即使可以由訊息計算出雜湊值，卻無法反向由雜湊值復原爲訊息。這種性質又稱爲不可逆性*2。具有此種性質的雜湊函數即爲單向雜湊函數*3。

此外，很難找到具有相同雜湊值的任一組不同訊息。這樣的性質稱爲強碰撞抵抗力*4。而且當收到某訊息時，必須要難以找到雜湊值的另一訊息。這個性質稱爲弱碰撞抵抗力*5。目前以上述目的，被專門開發出來的雜湊函數有 MD5、SHA-1、SHA-256、RIPEMD-160 等。

*1 單向函數：One-way function。
*2 不可逆性：Irreversible。
*3 單向雜湊函數：One-way hash function。
*4 強碰撞抵抗力：Strong collision resistance。
*5 弱碰撞抵抗力：Weak collision resistance。

�֍ 盜用個人資料

使用雜湊函數來防止訊息被竄改就好了呀！

原來如此……

但是

光這樣是不夠的！

我今天就損失了30碗拉麵！

竄改者

惡作劇！

啊！

兔子食堂

我是4巷的田中，請幫我送3碗拉麵。

我是1巷的三谷，請幫我外送10碗拉麵！

我是2巷的佐藤，我要5碗拉麵，緊急！！

我是3巷的鈴木，我要點7碗拉麵。

我是5巷的筍，我要點5碗拉麵。

我不知道到底誰是假客人啊！

哇……

搖晃

搖晃

所以才這磨生氣呀…

沒有防止盜用的方法嗎？

❀ 訊息認證碼的構造

爲了確認訊息的健全性，而進行認證的流程，即爲訊息認證碼。我將以圖 4-3 來說明訊息認證碼的構造。

送信者會將欲送出的訊息及由此訊息產生的MAC值一同送出。所謂的MAC值和雜湊值一樣，皆是用於檢查的值。

收信者藉由收到的訊息所產生的 MAC 值及收到的 MAC 值作比較，才可確保訊息的健全性及認證。此時，送信者和收信者爲了產生 MAC 值，會使用共通金鑰。

若 2 個 MAC 值相同，即可確認來自送信者的訊息在中途並沒有被竄改（健全性），且送信者爲共同持有金鑰的正確送信者（認證）。

但若 2 個 MAC 值相異時，則可判定來自送信者的訊息在中途有被竄改，或是送信者並非共同持有金鑰的正確送信者。

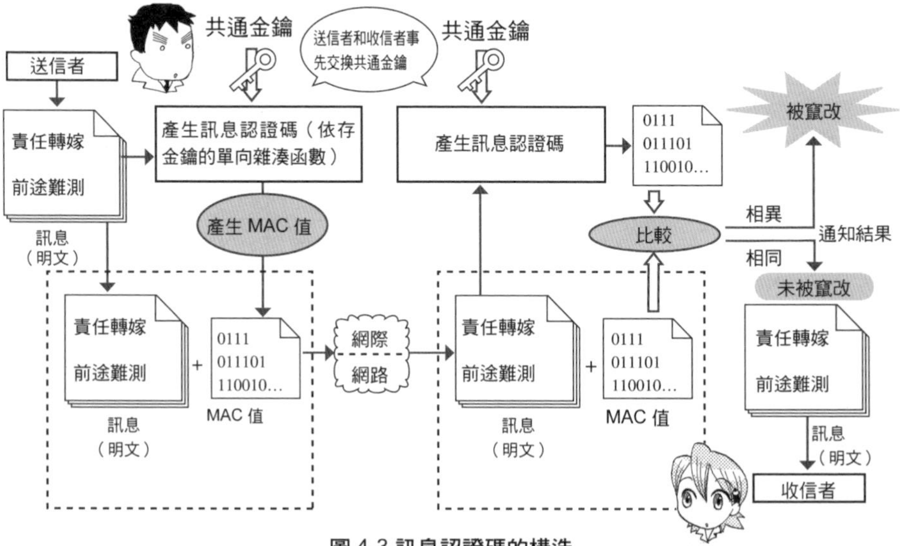

圖 4-3 訊息認證碼的構造

我們可將訊息認證碼視爲附有金鑰的單向雜湊函數的一種。基本上，訊息認證碼的構造和雜湊值相同，皆由送信者和收信者分別計算訊息的 MAC 值再兩相比較，以確認訊息的健全性。

訊息認證碼中，互相計算 MAC 值時，只使用自己持有的共通金鑰。藉由原訊息計算出MAC值則可確信對方即是和自己持有相同金鑰的人。

訊息認證碼的構造大致如上所述，然而，它和共通金鑰密碼有相同問題，即該如何安全地共有金鑰。

訊息認證碼亦被使用於國際銀行間匯款業務及網路線上購物等範圍所使用的SSL／TLS上。

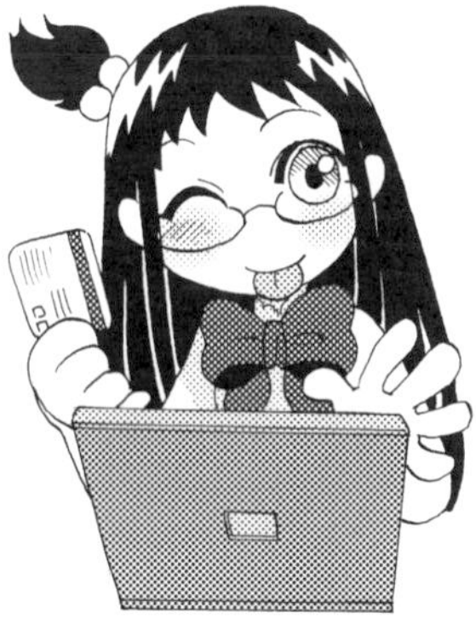

✤ 否認（repudiation）是什麼？

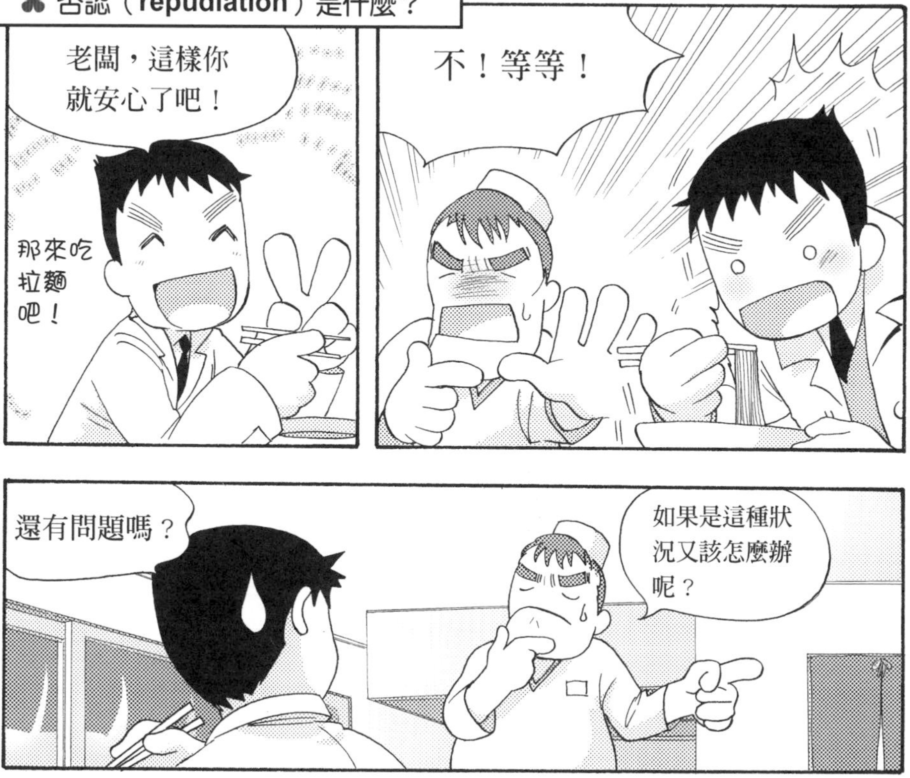
老闆，這樣你就安心了吧！
那來吃拉麵吧！
不！等等！
還有問題嗎？
如果是這種狀況又該怎麼辦呢？

✤ 訊息認證碼的兩個缺點

（1）無法防止否認（Non-Repudiation）。

　　例如，由A送出訊息及MAC值給B後，即使A主張「我並沒有將此訊息送給B，是B擅自做成的。」目前並沒有辦法能解決這種否認的情況。即使欲委託第三者來判定訊息真偽，第三者亦不具有判別此訊息及MAC值是由A或B所做成的工具。

（2）無法對第三者證明。

　　由A送出訊息及MAC值給B時，B無法對第三者C證明此訊息是由A所送出的。這是因為A及B均可做成訊息和MAC值。也就是說，C無法判斷訊息是由A或B所做成的。

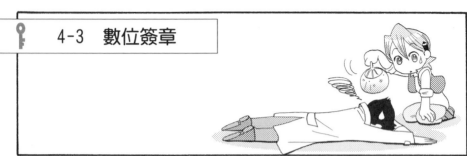

4-3　數位簽章

❀ 否認的對策

防止否認的方法是什麼呀？

使用數位簽章呀！

如此一來，也能對第三者提出證明了。

數位　　簽章
Digital Signature

這是什麼東西呀？

把公開金鑰密碼的金鑰使用方式倒過來使用的手法！

我們來看看數位簽章的構造吧！

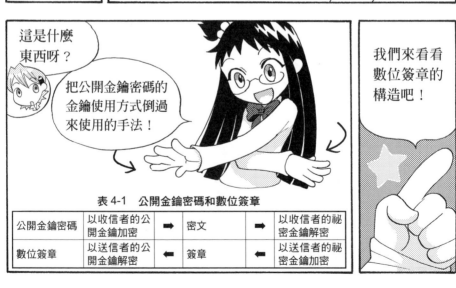

表 4-1　公開金鑰密碼和數位簽章

公開金鑰密碼	以收信者的公開金鑰加密	➡	密文	➡	以收信者的祕密金鑰解密
數位簽章	以送信者的公開金鑰解密	⬅	簽章	⬅	以送信者的祕密金鑰加密

❈ 數位簽章的構造

數位簽章為送信者在以自己的祕密金鑰所加密的訊息中簽章。發送訊息時，此簽章和訊息會一起送至收信者手中。

收信者以送信者的公開金鑰解密以取得訊息。然後再對解密後的訊息和收到的訊息做比較。

若兩者相同，則可同時進行健全性的驗證及送信者的認證。

此外，由於訊息是以送信者的公開金鑰解密，因此第三者也同樣可和收信者一起驗證簽章，在可對第三者證明的同時，便可防止送信者的否認。

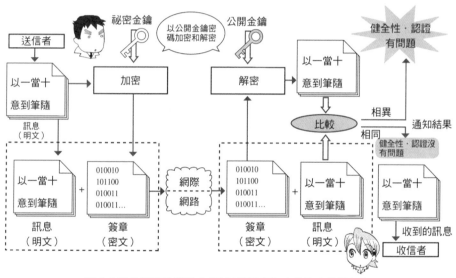

圖 4-4 數位簽章的構造 1（直接將訊息加密並簽章的情況）

為了讓讀者對數位簽章的概念更了解，圖 4-4 中已將流程加以簡化成將訊息直接加密做成簽章。

實際上的作法是，若將整個訊息設為簽章，則由於公開金鑰密碼的處理非常耗時，因此會暫先將訊息以單向雜湊函數轉換為雜湊值，再做成簽章。

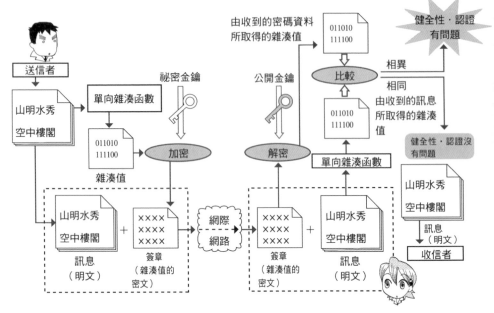

圖 4-5 數位簽章的構造 2（將雜湊化後的訊息加密再設為簽章的情況）

　　數位簽章亦可應用於爲確認 SSL ／ TLS 伺服器的健全性而作成的伺服器憑證。所謂的憑證，就是在公開金鑰中（此情況下爲伺服器的公開金鑰）附加數位簽章者。此外，亦可附加數位簽章於下載用的軟體中，以防止軟體被竄改。

❀ 中間人攻擊

> 只要做好這些對策，便可以安心地外送拉麵了呢！

> 是呀。

> 還不能安心哦！

> 因為還有中間人攻擊*。

　　設送信者 1 巷的佐藤為 A，收信者的兔子食堂為 B。

　　A如果要跟B以密碼通訊，首先必須得到B的公開金鑰。然而，居於兩者之中的攻擊者在B送信給A的過程中，取得公開金鑰，再換成自己的公開金鑰送給A。

　　由於A所送出的密文，是攻擊者用自己的公開金鑰加密後的文件，因此他可以使用自己的祕密金鑰解讀內容。然後只要再將內容竄改，再以B的公開金鑰加密送出後即可，對於B而言，並沒有可以確認的方法。

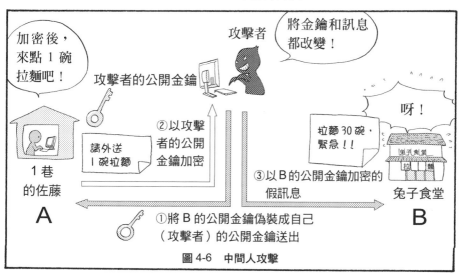

圖 4-6　中間人攻擊

*中間人攻擊：Man in the middle attack，簡稱 MITM。

✿ 憑證和認證中心

　　憑證是指於公開金鑰上附加數位簽章者。憑證則由認證中心發行。想發行公開金鑰的使用者，可於認證中心（CA：Certification Authority）登錄自己的公開金鑰，同時委託發行憑證。

　　依據使用者的委託，認證中心只要能確認欲發行公開金鑰使用者的正當性，並符合認證中心的標準，即可以公開金鑰做成數位簽章，再做成一組公開金鑰和數位簽章的憑証。而成對的公開金鑰和祕密金鑰，也可分為由使用者做成的以及登錄時由認證中心做成的兩種情況。

　　使用憑證的公開金鑰驗證構造為保證公開金鑰確實為使用者 A 所有的方法。因此，使用者 A 可由身為值得信賴的第三者的認證中心來證明公開金鑰的正當性。依據圖 4-7，我們來看看以下①～⑥的認證流程。

① 使用者 A 委託認證中心發行自己的公開金鑰憑證。

② 認證中心確認使用者 A 為本人後，發行憑證。發行的憑證為認證中心在使用者 A 的公開金鑰上附加認證中心數位簽章者。

③ 認證中心將憑證保存於貯藏庫（repository，資料保管場所）。

④ 使用者 B 由貯藏庫下載使用者 A 的憑證。

⑤ 使用者 B 以認證中心的公開金鑰對含有數位簽章的使用者 A 的憑證加以解密。

⑥ 將解密後的金鑰和憑證中含有的公開金鑰進行比較驗證。若此兩個金鑰相同，則可確保憑證中含有的公開金鑰為使用者 A 所有。

　　藉由以上的程序，使用者 B 可取得受到保證的使用者 A 的公開金鑰。若使用受到保證的使用者 A 之公開金鑰，則可對以使用者 A 的祕密金鑰加密且附加數位

簽章的訊息驗證其是否為正確訊息。正確的訊息是指同時滿足以下 3 個條件的訊息。

① 訊息未被竄改。

② 非為第三者偽裝成使用者 A 所發出的訊息。

③ 使用者 A 無法否認訊息由自己所發出。

藉由證明公開金鑰的正確性，即可確認附有數位簽章的訊息的正確的條件①～③，依此即可完成下述的公開金鑰密碼基礎建設（PKI）的構造。

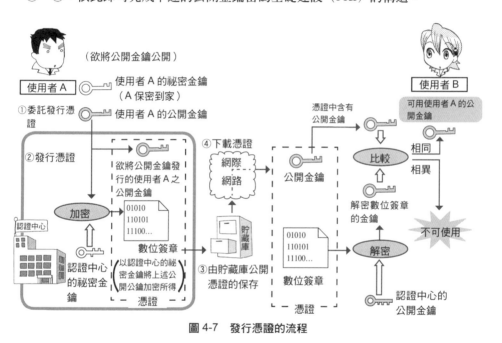

圖 4-7　發行憑證的流程

密碼的學習就快要結束了。

不過,那個憑證,真的可以信賴嗎?

我對憑證是否由認證中心所發行,

以及這個認證中心是否可信賴?

還是存疑呢!

到底資訊的可信賴性是什麼呢?

例如,以手邊的紙鈔來思考看看吧!

拉開

哦!1萬日圓呢!

琉可是有錢人

*公開金鑰密碼基礎建設:Public key infrastructure,簡稱 PKI。

這實際上只不過是一張紙而已。

如果物價持續上漲的話……

咦？錢包裡的1萬日圓不見了？

金錢的價值就會消失，就真的變成只是一張紙。

草莓奶油蛋糕
1,000,000円

不過，紙鈔是由可信賴的日本銀行所發行的。

日本銀行券

日本銀行

請取用！

紙鈔

原來是我的，什麼時候被拿走的……

工工還給哥哥！

不只是這樣哦！

日本銀行是使幣值穩定，讓國民得以安心使用的基礎。

也就是有穩固的社會支撐才有紙鈔。

沒錯喔！

請重視日本銀行支撐社會的形象。

・在日本，只有日本銀行發行紙鈔。（並非任何人都可以製造紙鈔。）

・日本銀行為了使金錢（紙鈔）的價值平穩，會執行各種政策。

・國家為了防止假鈔，以法律維護金錢（紙鈔）的信用。

那麼，資訊的安全性及可信賴度是由誰控管呢？

資訊的可信賴度也是喲！

它是建立在包含認證中心在內的社會基礎之上。

這個社會基礎就稱為公開金鑰密碼基礎建設哦！

公開金鑰密碼　　基礎建設

PKI: Public Key Infrastructure

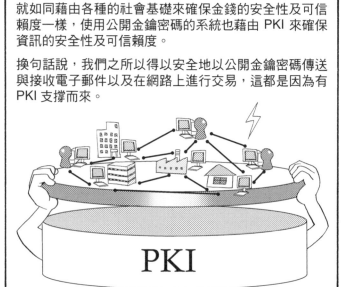

就如同藉由各種的社會基礎來確保金錢的安全性及可信賴度一樣，使用公開金鑰密碼的系統也藉由 PKI 來確保資訊的安全性及可信賴度。

換句話說，我們之所以得以安全地以公開金鑰密碼傳送與接收電子郵件以及在網路上進行交易，這都是因為有 PKI 支撐而來。

PKI

也就是說，有它才有安全的資訊社會呢！

是呀。那麼來仔細地看看 PKI 吧！

首先，設有資訊往來的使用者 A 和使用者 B。

使用者 A　　使用者 B

這樣不就無法得知何時會受到何種攻擊！

不安

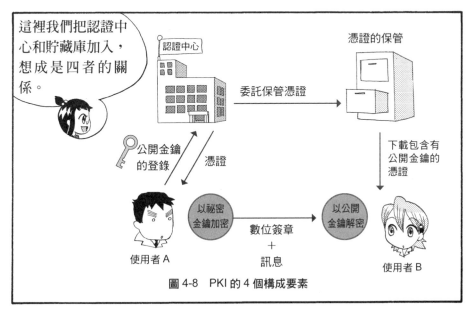
這裡我們把認證中心和貯藏庫加入，想成是四者的關係。

認證中心

委託保管憑證

憑證的保管

公開金鑰的登錄　憑證

下載包含有公開金鑰的憑證

使用者 A

以祕密金鑰加密

數位簽章 ＋ 訊息

以公開金鑰解密

使用者 B

圖 4-8　PKI 的 4 個構成要素

假設我是使用者 B 的話，要以何種程序才能安全地收到使用者 A 發出的訊息呢？

那我們來整理看看吧！

嗯　嗯

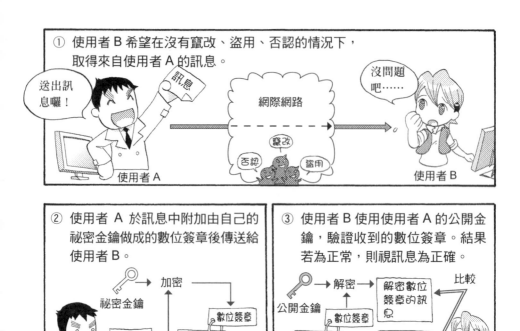

① 使用者 B 希望在沒有竄改、盜用、否認的情況下，取得來自使用者 A 的訊息。

送出訊息囉！

訊息

網際網路

竄改

否認　盜用

沒問題吧……

使用者 A

使用者 B

② 使用者 A 於訊息中附加由自己的祕密金鑰做成的數位簽章後傳送給使用者 B。

祕密金鑰 → 加密 → 數位簽章

訊息　訊息

使用者 A

③ 使用者 B 使用使用者 A 的公開金鑰，驗證收到的數位簽章。結果若為正常，則視訊息為正確。

公開金鑰 → 解密 → 解密數位簽章的訊息

數位簽章

訊息　傳來的訊息

比較

使用者 B

④ 不過，這個公開金鑰真的是使用者 A 所有的嗎…

真可疑！

該如何證明呢…

使用者 A

⑤ 對了！讓值得信賴的認證中心來驗證公開金鑰吧！

⑥ 使用者 A 於認證中心登錄公開金鑰，並委託其發行憑證。

認證中心

登錄

憑證

⑦ 憑證的內容為附加了使用者A的公開金鑰和認證中心簽署的數位簽章。

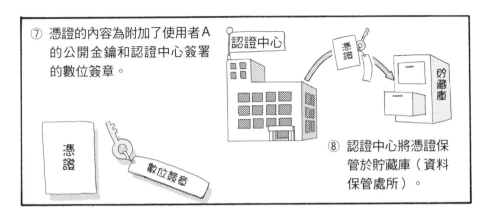

⑧ 認證中心將憑證保管於貯藏庫（資料保管處所）。

⑨ 使用者 B 由貯藏庫下載使用者 A 的憑證。

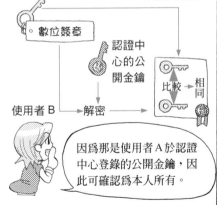

⑩ 使用者 B 將包含使用者 A 憑證的公開金鑰和解密數位簽章所得到的公開金鑰加以比較，若相同則完成驗證。

因為那是使用者 A 於認證中心登錄的公開金鑰，因此可確認為本人所有。

⑪ 驗證結束後，可得知使用者A的憑證中之使用者A的公開金鑰為正當，且於③所得到的訊息也為正當（可排除竄改、盜用、否認）。

確實地收到了！

那麼就可以安心地交換資料了呢！

呼

安全的資訊交換是使用憑證及公開金鑰來保障資訊安全的社會共識。

也就是說，若沒有資訊社會的既定規格，則安全的資訊交換則無法成立啦！

我以圖 4-9 來解說申請手續的系統作為 PKI 的使用實例。

哈哈！

原來如此

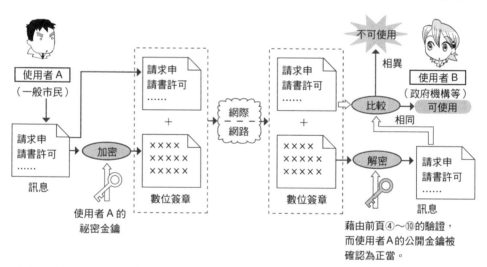

圖 4-9 利用 PKI 的申請手續例

由於使用者 A 的公開金鑰已被驗證，因此若以訊息模式所收到的申請書等與數位簽章解密後所得相同，則申請書並沒被竄改、盜用，且不可否認其為使用者 A 所提出。

不過…使用者B必須要做這麼麻煩的事嗎？

以乎有點強人所難

沒問題的啦！

實際的手續會由瀏覽器、專用的軟體登錄卡及讀卡機等的硬體自動執行哦！

憑證長什麼樣子呢？

像這樣喲！

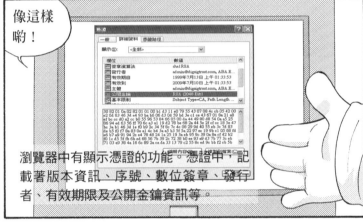

瀏覽器中有顯示憑證的功能。憑證中，記載著版本資訊、序號、數位簽章、發行者、有效期限及公開金鑰資訊等。

那麼，密碼入門講座就到此為止！

辛苦了。

終於結束了！

叮咚

♪

唉呀！原來小蘭就是怪盜Cipher呀！

Cipher！？

什、什麼？！

是小蘭！？

※第 181 頁的郵件內容，若只讀每行的第 1 個文字，則可得知怪盜 Cipher 即是小蘭。

寄件人：小蘭即怪盜 Cipher
收件人：琉可
主題：妳好嗎？

我會交還名畫〈瑪丹娜的微笑〉和寶石祖母錄（因為我和保險公司做了交易）。
另外，我目前位於自由（liberty）的國家。再過不久又有個大計畫了！給妳個提示，以 2 進位數來解

00001011 00000110 00000110
00000001 00010111 00000111
00001010

那麼，再見囉！

和保險公司交易？

被偷的物品通常都有保險哦！

怪盜 Cipher 以交還寶物交換保險金的一部分。

對保險公司而言，支付保險金損失也變少了呀！

這挺不錯的

這可是條獨家新聞呀！
我要趕回報社了！

啪

話說回來，怪盜
Cipher下次到底
打算偷什麼呢？

在外國對
吧？
哥哥還真
是相線條

將提示的2進位數和某詞彙
的 JIS 碼（2 進位數）以
XOR 運算，答案就出來
了！答案請看第230頁喔！

數日後

美術館

館長，你真的要
拆下這幅畫嗎？

當然呀!

要換上名畫〈瑪丹娜的微笑〉呀!

瑪丹娜的微笑

……

寶石也回來了,暫且可以安心了!

太好了! 太好了!

兄! 弟!

今後也要注意資訊安全,以構築一個安全的社會唦!

收到!

✖專欄✖ 零知識互動式證明[*]

　　最近發生了好幾起以信用卡支付費用時，信用卡持有人由於信用卡資料被非法盜取，而後被銀行請求支付不曾購物的款項。像這樣，因為在網路上必須確認是否為本人，而使人面臨祕密外洩的風險。因此，為了完全不洩密（零知識），則必須有可讓對方確認是否為本人（信用卡的可信賴性, authenticity）的方法。

　　1985 年由 Goldwasser、Micali 與 Rackoff 三人向世人展示了「零知識互動式證明」的概念以作為因應方法。零知識互動式證明為向對方（信用卡公司）證明自己所持有信用卡的真實性的方法。此時，使用者會單方認為這個方法可使交易時的信用卡本身的祕密資訊（例如，由 10 進位 100 位以上的亂數所形成的密碼）完全不會被洩露，而希望對方「相信自己沒有洩漏祕密的亂數，並持有可證明自己的亂數」。其實這類的情況可以嚴謹的密碼數學理論為基礎的數理原理來實現。

　　接著我們就分為準備階段和實行階段來說明這個方法吧。

● 準備階段 ●

　　用於零知識互動式證明的數理原理，首先必須設置一個可信賴的認證中心（驗證者）。舉例來說明。

①　對所有的使用者公開的合數 N 之設定

　　認證中心準備 2 個質數 (p, q)，然後取其乘積形成合數 N。即，

$$N = pq \cdots\cdots\cdots\cdots\cdots\cdots\cdots\cdots\cdots\cdots\cdots\cdots\cdots\cdots\cdots\cdots\cdots\cdots\cdots\cdots (1)$$

並將 p 和 q 保密。實際上會使用 80 位數的巨大質數，但在此以簡單的例子作說明，設 2 位數的質數為 $p = 13$ 及 $q = 19$。此兩質數的乘積 N 為

$$N = 13 \times 19 = 247$$

是 3 位數的合數（實際應用上，則會準備任何電腦均無法進行質因數分解的合數 N，也就是計算量上不可能有的極大質數）。然後將此數 N 公開給所有使用者。

②　於認證中心登錄各使用者的 ID。

---

[*]零知識互動式證明：Zero-Knowledge Interactive Proof，簡稱 ZKIP。

ID為各使用者公開的數值（相當於公開金鑰），每個使用者都有一個。換句話說，可識別各使用者的公開數值即為 ID。各使用者於認證中心登錄 ID。例如，設使用者 A 的 ID 以 ID_A 表示。

③藉由認證中心進行各使用者的祕密金鑰計算及通知

認證中心以各使用者所登錄的 ID 為基礎，以其 ID 的平方根 N 為基準計算模數。實數中的平方根相當容易計算，但在整數時，唯有具備已知合數 N 和 2 個質數 p 及 q 時，我們才可以輕易地求出其平方根。因此零知識互動式證明是利用這個平方根計算的困難度作成的。

在此例中，由於只有認證中心知道質數 13 和 19，且可計算各使用者登錄的 ID 的平方根，因此祕密便不會洩露。我們將使用者 A 的 ID（ID_A）設為 101。此時，其平方根為 71。

$$\sqrt{101} \, (\mathrm{mod} \, 247) = 71$$

反之，71 的平方即為 $71^2 (\mathrm{mod} \, 247) = 101$。此處的 71 是祕密傳送給使用者 A 的祕密金鑰 S_A。由於實際應用時會使用 100 位數以上的大數，因此這並非 A 可以記得的數字。一般而言，使用者 A 的 ID（ID_A）和祕密金鑰 S_A 之間，具有以下的關係。

$$\sqrt{ID_A} \, (\mathrm{mod} \, N) = S_A \cdots\cdots\cdots\cdots\cdots\cdots\cdots\cdots\cdots\cdots\cdots\cdots (2)$$

$$(S_A)^2 \, (\mathrm{mod} \, N) = ID_A \cdots\cdots\cdots\cdots\cdots\cdots\cdots\cdots\cdots\cdots\cdots (3)$$

此外，祕密金鑰 S_A 的目的並非用來確認使用者 A，而是為了確認 A 所持有的信用卡的可信賴性，因此 A 不需要如同提款卡密碼一樣，記住 S_A。其他的使用者也以相同的順序，各自得到祕密金鑰。

● 實行階段（證明順序）●

使用者 A 欲對於使用者 B 證明自己是真正的 A（自己所持有的信用卡為真品）時，其證明程序如下。

步驟 1 由使用者 A 向使用者 B 請求憑證（之 1）

首先，使用者 A 任意地選擇亂數 r_A，再求出將 r_A 平方除以合數 N 的餘數，得餘數 y_A，也就是將下頁算式（4）送給使用者 B。

$$y_A = (r_A)^2 \pmod{N} \quad \text{\dotfill} \quad (4)$$

例如，假設使用者 A 選擇 50 做為亂數。此時，由於

$$y_A = 50^2 = 2500 = 30 \pmod{247}$$

所以要將 30 送給使用者 B。

步驟 2　由使用者 A 向使用者 B 請求憑證（之 2）

接下來，使用者 A 本身對於由認證中心取得的祕密金鑰 S_A，和於步驟 1 中選擇的亂數 r_A 的乘積，以合數 N 為基準來計算，也就是計算下式

$$z_A = S_A r_A \pmod{N} \quad \text{\dotfill} \quad (5)$$

然後再送給使用者 B。若以剛才選擇的亂數 r_A 50 為例，則由於

$$z_A = 71 \times 50 = 92 \pmod{247}$$

因此將 92 送給使用者 B。

步驟 3　由使用者 B 進行 A 的可信賴性確認作業（之 1）

在此，使用者 B 將由使用者 A 送來的 z_A 平方後，再以合數 N 為基準來計算，也就是計算下式

$$v_A = (z_A)^2 \pmod{N} \quad \text{\dotfill} \quad (6)$$
$$= (S_A r_A)^2 \pmod{N} \quad \text{\dotfill} \quad (7)$$

由此例可知因為 $z_A = 92$，因此可得

$$v_A = 92^2 = 8464 = 66 \pmod{247}$$

步驟 4　由使用者 B 進行 A 的可信賴性確認作業（之 2）

接下來，使用者 B 將步驟 3 中求出的 v_A，除以步驟 1 由使用者 A 送來的 y_A 所得的值加以計算如下。

$$w_A = \frac{v_A}{y_A} \pmod{N} \quad \text{\dotfill} \quad (8)$$
$$= v_A \times (y_A{}^{-1}) \pmod{N} \quad \text{\dotfill} \quad (9)$$

當然，所有的計算都會以合數 N 為基準之運算，$y_A{}^{-1}$ 表示 y_A 的倒數。換句

話說，$y_A{}^{-1}$ 為滿足下式的值。

$$y_A \times (y_A{}^{-1}) = 1 \,(\text{mod } N) \quad\cdots\cdots\cdots\cdots\cdots\cdots\cdots\quad (10)$$

在本例中，由於 $v_A = 66$，$y_A = 30$，$y_A{}^{-1} = 30^{-1}\,(\text{mod } 247) = 140$，因此

$$w_A = \frac{66}{30}\,(\text{mod } 247) = 66 \times 30^{-1}\,(\text{mod } 247) = 66 \times 140\,(\text{mod } 247) = 101$$

如此一來，使用者 A 的 ID（ID_A）就漂亮地出現了。

藉由以上步驟 1 至 4 的處理，送信者確實為真正的使用者 A 的情況下，使用者 B 可確認使用者 A 的可信賴性。在步驟 4 中，使用者 A 的 ID（ID_A）為 101 之所以會出現是因為使用者 A 的祕密金鑰 S_A 的平方即為 ID 得知。也就是說，將式（8）以式（3）、式（4）及式（5）加以考量，就能成立以下關係式。

$$w_A = \frac{\{(\text{使用者 A 的秘密金鑰 } S_A) \times (\text{亂數 } r_A)\}^2}{(\text{亂數 } r_A)^2} \quad\cdots\cdots\cdots\quad (11)$$

$$= \frac{(S_A\, r_A)^2}{(r_A)^2} = (S_A)^2 = ID_A = \text{使用者 A 的 ID} \quad\cdots\cdots\cdots\quad (12)$$

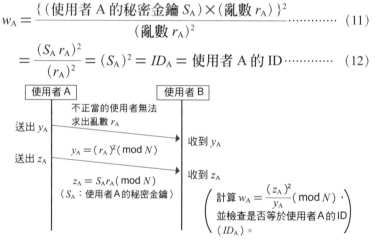

圖 4-10　零知識互動式證明的「可信賴性」確認順序

● 盜用的方法 ●

圖 4-10 中，假設被公開的使用者 A 的 ID_A 為 101，請試著思考懷有惡意的使用者 X 如何盜用使用者 A 的 ID。當然，我們必須假設使用者 X 完全不知道使用者 A 的祕密金鑰為 S_A。

因此，使用者 X 先決定滿足以下關係的 e 和 f，

$$e^2 = ID_A \times f(\ (\text{mod } 247) \quad\cdots\cdots\cdots\cdots\cdots\cdots\quad (13)$$

在最初的步驟 1 時送出 f，步驟 2 時送出 e 即可。

那麼，做為滿足式（13）的例子可表示為，在 $e = 25, f = 82$ 時，執行步驟 3 和步驟 4，可取得使用者 A 的 ID $(ID_A = 101)$。

將利用使用者 X 任意做成的 e 和 f 分別當做式（5）的 z_A 及式（4）的 y_A，然後計算式（6）和式（9），即可確認使用者 A 被公開的 ID $(ID_A = 101)$。

此計算為將合數 N（本例中，$N = 13 \times 19 = 247$）設為基準的模數運算。

步驟 3

$$v_A = e^2 = 25^2 = 131$$

步驟 4

$$w_A = \frac{e^2}{f} = e^2 \times f^{-1} = v_A \times 82^{-1}$$

在此，由 $82^{-1}(\bmod\ 247) = 244$ 可得知，$w_A = 131 \times 244\ (\bmod\ 247) = 101$。

由以上的結果可知，使用者 X 不知道祕密金鑰 S_A 及亂數 r_A，卻可做成使用者 A 公開的 $ID_A(= 101)$，進行不正當（非法）的行為。

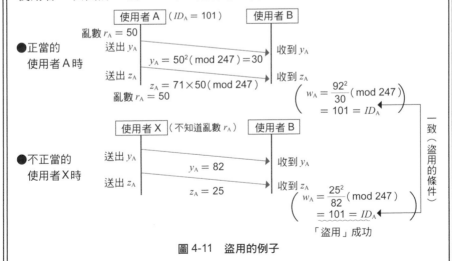

圖 4-11　盜用的例子

223

像這樣子，爲了鑽圖 4-10 確認順序的漏洞，只要由被公開的使用者各別的 ID 來滿足式（13）即可。具體而言，不知道使用者 A 的祕密金鑰 S_A 的使用者 X，首先任意選定 e，再將 e 平方，並除以 ID_A 後，求出 f，也就是

$$f = \frac{e^2}{ID_A}(\bmod N) \quad\text{……………………………………}\quad (14)$$

之後，藉由先送出 f，再送出 e，即使沒有取得唯一使用者 A 所知的亂數 r_A，使用者 X 也可簡單地通過使用者 B 的確認作業（步驟 3 和步驟 4）。

● 零知識互動式證明的防止盜用方法 ●

那麼該如何防止盜用呢？爲此，我們需如圖 4-12 般，將確認作業複雜化。使用者 B 由送信者取得 y_A 和 z_A 後，會送出 0 或 1 的值（挑戰位元，Challenge bit）。然後，確認由此回覆的值，再對送信者是否執行正確的手續加以確認。

藉此，只要在不知道原本質數的情況下，就可以保證零知識、可信賴性及沒有被盜用。

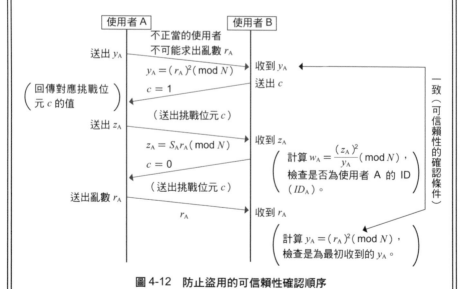

圖 4-12　防止盜用的可信賴性確認順序

🔑 補充說明

◎假亂數和密碼安全

亂數，也就是隨機（無秩序）的數字列，爲支援安全性的基礎技術之一。例如，在公開金鑰密碼的情況下，用於將資訊加密和解密（解讀）的「金鑰」是使用亂數做成的。若每次均使用相同金鑰，則極有可能被解讀，因此每次使用公開金鑰密碼時，都會生成新的金鑰以提昇安全性。這是因爲若亂數被他人得知，密碼就會被破解，而可能使金錢被盜用、個人資訊外流。所以爲了做成不會被破解的密碼，而積極將亂數所具備的不可預測性（無法由過去的數字列來預測下一個數字的性質）運用其中。

亂數和假亂數以及最近大受矚目的物理亂數有極大的差別。其中，由於假亂數是以一定的計算式所生成，因此會出現週期和相同形式，無法形成「完全的隨機數字列」。因此假亂數存在著亂數被推算出、安全性被破壞的風險。代表性的假亂數生成器爲線性同餘法[*1]、中間平方法[*2]、M 數列[*3]、BBS法[*4]、使用單向雜湊函數法、使用密碼的方法等。

以這點來看，物理亂數爲基於自然界的物理現象所生成的亂數，可完全地實現隨機的數字列，永遠持續產生無秩序的數字列。例如，以半導體回路中電流流動時產生的雜訊所產生的亂數。我認爲今後爲了構築安全性的堅固基礎，預測物理亂數將會更廣泛地被活用。

◎PGP

此名稱是將 Pretty Good Privacy 的字首並列而來，若直接翻譯，則意爲「太棒的隱私」。在 1990 年左右，由 Phillip Zimmermann 所提出，後被廣泛地使用於密碼軟體中。

PGP 幾乎具備了所有現代的密碼軟體所必備的功能。也就是，它可用於共通金鑰密碼（AES、3-DES 等）、公開金鑰密碼（RSA, ElGamal 等）、數位簽章（RSA, DSA）、單向雜湊函數（MD5, SHA-1, RIPEMD-160 等），以及作成憑證等。

[*1] 線性同餘法：Linear congruential generators, 簡稱 LCGs。
[*2] 中間平方法：Middle-square method。
[*3] M 數列：Maximal-length sequences。
[*4] BBS 法：Blum-Blum-Shub。

◎SSL/TLS

這是網路購物時所使用的通訊協定（通訊時的規範），即為了進行通訊內容認證及可信賴性的檢查時，而使用訊息認證碼。例如，透過瀏覽器送出信用卡號碼時，就準備好作為通訊內容加密的協定 SSL（Secure Socket Layer）或是 TLS（Transport Layer Security），並將號碼的交換密碼化即可防止資料被竊取。此外，藉由 SSL ／ TLS 的通訊的網址（URL）並非為 http://，而是以 https://為開頭。

另外，用於傳送電子郵件的 SMTP（Simple Mail Transfer Protocol）以及用於收發電子郵件的 POP3（Post Office Protocol）等協定，也是透過 SSL ／ TLS 的加密來保護資訊。

◎量子密碼[*1]

量子密碼被定位為絕對安全的密碼。相當於一般的光通訊 1 位元的脈衝中，含有 1 萬個以上光的最小粒子（光子[*2]）。量子密碼，在 1 個光子中搭載有 1 位元的資訊，可於光子的偏光狀態（電磁波的振動方向）下，區別 0 和 1。這樣的構造使得光子不可能被分解，且即使光子被竊取，也無法以觀測來改變光子的偏光狀態竊取資料（以量子力學擔保「竊取的不可能性」）。將此「竊取的不可能性」及僅限使用一次的「因一次性造成的破解不可能性」加以組合，可知量子密碼將是使資料絕對安全的密碼，科學家也正致力將其實用化。

◎生物認證[*3]

生物認證是將個人固有的資料（例如，指紋、靜脈、臉、瞳孔顏色（眼珠的咖啡色部分）、掌形（手掌的形狀）、DNA（基因）…等）用於確認本人與否。我們日常生活中，可舉的例子有大多使用於ATM（自動櫃員機）及進出房間時的本人確認等的靜脈認證系統[*4]，是以「手指」或「手掌」進行本人確認。

[*1] 量子密碼：Quantum Cryptography。
[*2] 光子：Photon。
[*3] 生物認證：Biometic identification。
[*4] 靜脈認證系統：Vein authentication system。

參考文獻

- 三谷政昭『やり直しのための工業数学――情報通信と信号解析――暗号、誤り訂正符号、積分変換』（CQ 出版）2000
- 結城浩『暗号技術入門』（ソフトバンククリエイティブ）2003
- 辻井重男『暗号と情報社会』（文藝春秋）1999
- 岡本龍明，山本博資『現代暗号』（産業図書）1997
- 伊藤正史『暗号理論』（ナツメ社）2003
- 若林宏『よくわかる最新暗号技術の基礎と仕組み』（秀和システム）2005
- サイモン・シン，青木薫訳『暗号解読』（新潮社）2001
- セアラ・フラナリー，デイヴィッド・フラナリー，亀井よし子訳『16 歳のセアラが挑んだ世界最強の暗号』（NHK 出版）2001
- 辻井重男『暗号　ポストモダンの情報セキュリティ』（講談社）1996
- 一松信『暗号の数理』（講談社）2005
- ジョセフ・H・シルヴァーマン，鈴木治郎訳『はじめての数論』（ピアソン・エデュケーション）2001
- ベネディクト・グロス，ジョー・ハリス，鈴木治郎訳『数のマジック』（ピアソン・エデュケーション）2005
- 靎浩二『Excel で学ぶ暗号技術入門』（オーム社）2006
- 神保雅一監修，イオタゼミ著『なるほどナットク！暗号がわかる本』（オーム社）2004

索 引

※提示中的

00001011　00000110　00000110　00000001　00010111　00000111　00001010

和郵件中意爲自由的「liberty」之碼

01101100　01101001　01100010　01100101　01110010　01110100　01111001，

以 XOR 運算後，可得

01100111　01101111　01100100　01100100　01100101　01110011　01110011，

在 JIS 碼中爲「goddess」，亦即「女神」之意。

國家圖書館出版品預行編目資料

世界第一簡單密碼學修訂版 / 三谷政昭, 佐藤伸一
  合著 ; 林羿妏譯. -- 修訂一版. -- 新北市：
  世茂, 2020.01
    面； 公分. -- （科學視界；240）

  ISBN 978-986-5408-11-4（平裝）

  1. 資訊安全 2. 密碼學 3. 漫畫

312.76   108017891

科學視界 240

世界第一簡單密碼學修訂版

作　　者／三谷政昭、佐藤伸一
譯　　者／林羿妏
主　　編／楊鈺儀
責任編輯／李芸
作　　畫／HINOKI IDEROU
製　　作／Verte
出 版 者／世茂出版有限公司
地　　址／（231）新北市新店區民生路 19 號 5 樓
電　　話／（02）2218-3277
傳　　真／（02）2218-3239（訂書專線）・（02）2218-7539
劃撥帳號／19911841
戶　　名／世茂出版有限公司
世茂網站／www.coolbooks.com.tw
製版排版／辰皓國際出版製作有限公司
印　　刷／傳興印刷彩色有限公司
修訂一版／2020 年 1 月

I S B N／978-986-5408-11-4
定　　價／320 元